水生动物防疫系列宣传图册（七）

——36种水生动物疫病常识

农业农村部渔业渔政管理局
全国水产技术推广总站
组编

中国农业出版社
北　京

编 辑 委 员 会

序

近年来，各级渔业主管部门及水产技术推广机构、水生动物疫病预防控制机构、水产科研机构等围绕水产品稳产保供和水产养殖业高质量发展总体要求，通力协作，攻坚克难，全面加强水生动物疫病防控工作，为确保水产养殖业高质量发展和水产品有效供给发挥了重要的支撑保障作用。

但是我国水生动物防疫形势仍然不容乐观，根据《中国水生动物卫生状况报告》统计分析，近年来我国水产养殖因病害造成的测算经济损失严重，大多数主要养殖种类都有病害发生，且病害种类多，新的不明病害时有发生，病害依然是水产养殖业健康安全发展的主要威胁。养殖生产者为防病滥用药物等化学品的行为还时有发生，给水产品质量安全、环境安全和生物安全带来极大隐患。

水生动物防疫工作任重道远，亟须加大力度，宣传疫病防控相关法律法规，宣传源头防控、绿色防控、精准防控理念以及疫病防控管理和技术服务新模式等。为此，自 2018 年起，农业农村部渔业渔政管理局和全国水产技术推广总站启动了《水生动物防疫系列宣传图册》编撰出版工作，以期通过该系列宣传图册将我国水生动物防疫相关法律法规、方针政策以及绿色防病措施、科技成果等传播到疫病防控一

线，提高从业人员素质，提升全国水生动物疫病防控能力和水平。

该系列宣传图册以我国现行水生动物防疫相关法律法规为依据，力求权威性、科学性、准确性、指导性和实用性，以图文并茂、通俗易懂的形式生动地展现给读者。

我相信这套系列宣传图册将会对提升我国水生动物疫病防控水平，推动我国水生动物卫生事业发展，确保水产养殖业高质量发展起到积极作用。

谨此，向为系列宣传图册的顺利出版作出艰苦工做的各位同事表示衷心的感谢！

农业农村部渔业渔政管理局局长 刘新中

2022 年 11 月

前　言

2022年，农业农村部依据《中华人民共和国动物防疫法》的要求，根据动物疫病对养殖业生产和人体健康的危害程度，对原《一、二、三类动物疫病病种名录》进行了修订，并于2022年6月29日发布施行。新疫病名录中水生动物疫病共36种，其中二类疫病14种，三类疫病22种。

为依法规范开展水生动物疫病防控工作，使广大从业者了解水生动物疫病常识，提升其对水生动物疫病的防控意识，减少因疫病带来的经济损失，我们编印了《水生动物防疫系列宣传图册（七）——36种水生动物疫病常识》，介绍了36种水生动物疫病的病原、流行特点、临床症状、危害程度和防控措施等知识，供有关方面参考。

由于编者水平有限，不足之处在所难免，敬请大家指正。

编　者

2022年10月

目　录

三类水生动物疫病

二类水生动物疫病

《中华人民共和国动物防疫法》第三十九条规定：发生二类动物疫病时，应当采取下列控制措施：

所在地县级以上地方人民政府农业农村主管部门应当划定疫点、疫区、受威胁区；

县级以上地方人民政府根据需要组织有关部门和单位采取隔离、扑杀、销毁、消毒、无害化处理、紧急免疫接种、限制易感染的动物和动物产品及有关物品出入等措施。

1. 鲤春病毒血症

病原：鲤春病毒血症病毒（SVCV），又称鲤春病毒（Carp sprivivirus），隶属弹状病毒科、鲤春病毒血症属，有一种血清型和Ⅰa、Ⅰb两种基因型。

流行特点：水温13～20℃时易发病，15～17℃为流行高峰。病原可感染鲤、锦鲤、鳙、草鱼、鲢、鲫、丁鲹和欧鲇等鲤科鱼类，不同规格鱼均可被感染，但年龄越小越易感；可通过吸血寄生虫（鲺、尺蠖、鱼蛭）、水鸟和病鱼进行水平传播。

临床症状：病鱼离群缓慢游动，聚集在进水口或池塘

边，部分身体失去平衡，体色发黑，眼球突出，眼部出血，鳃发白，皮肤、鳍条、口腔充血，腹部膨大，肛门发炎、水肿、突出，拖有黏稠粪便。解剖可见内脏器官炎症、水肿或坏死，肌肉、脂肪组织和鳔有点状出血。

危害程度：该病发病急、死亡率高，Ⅰa基因型致死率从0到100%均有，Ⅰb基因型致死率为60%～90%，造成巨大经济损失。

防控措施：可通过引入检疫合格苗种和抗病品种，对水源、养殖设施、引进苗种和投喂饲料进行严格消毒，控制养殖密度，保持水质优良且稳定和溶氧充足，拌饵投喂免疫增强剂等措施降低感染率。确认感染后应当立即对患病群体进行隔离、扑杀和无害化处理，并对养殖设施、工具和场地进行彻底消毒，限制易感染动物和动物产品及有关物品出入等。

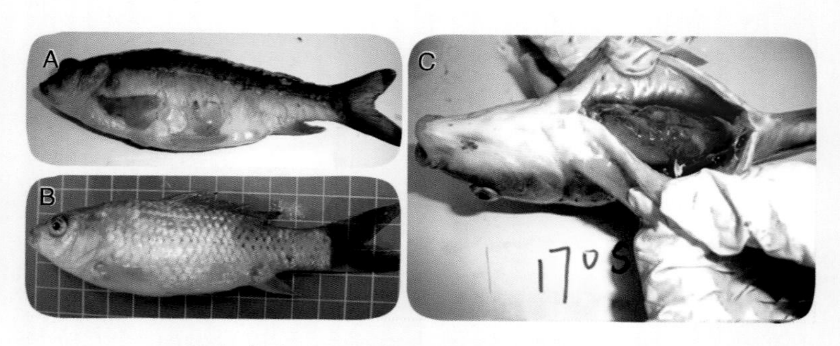

鲤春病毒血症临床症状（江育林供图）

A. 病鱼体表出血、眼睛肿胀　B. 发病鲤尾部和腹鳍基部出血

C. 病鱼内脏出血，并有腹水

2. 草鱼出血病

病原：草鱼呼肠孤病毒（GCRV），又称草鱼出血病毒（GCHV），隶属呼肠孤病毒科、刺突病毒亚科、水生呼肠孤病毒属。

流行特点：水温20～30 ℃时易发病，25～28 ℃为流行高峰。病原可感染草鱼、青鱼、麦穗鱼、鲢、鳙、鲫等淡水鱼类，尤其以体长2.5～15厘米的草鱼和1足龄的青鱼易感；可通过水体水平传播和卵垂直传播。

临床症状：病鱼离群独游，反应迟钝，食欲减退，体表发黑、眼球突出。根据临床症状不同分为“红肌肉”“红鳍红鳃盖”“肠炎”三种类型。红肌肉型：肌肉明显出血，呈鲜红色，鳃丝因严重失血而苍白。红鳍红鳃盖型：鳍基、鳃盖严重出血，眼眶口腔及下颌等处有出血点。肠炎型：肠道严重充血，内脏点状出血，体表亦可见到出血点。病鱼可出现一种症状或同时具有两种以上症状。

危害程度：感染后死亡率一般为30%～50%，最高可达70%～80%。若继发细菌感染，死亡率可能还会升高。

防控措施：可通过引入检疫合格苗种；注射商品化疫苗；控制适宜的放养密度；保持水质稳定；使用优质配合饲料，加强投喂管理；定期投喂免疫调节剂，提高鱼体抗病力；对水源、养殖设施、引进苗种等进行严格消毒等措施降低感染率。确认感染后应当立即对患病群体进行隔离、扑杀和无害化处理，并对养殖设施、工具和场地进行彻底消毒，限制易感染动物和动物产品及有关物品出入等。

草鱼出血病红肌肉型临床症状（王庆供图）
病鱼肌肉出血明显

草鱼出血病红鳍红鳃盖型临床症状（王庆供图）
病鱼鳍基、鳃盖出血，眼眶口腔及下颌等处有出血点

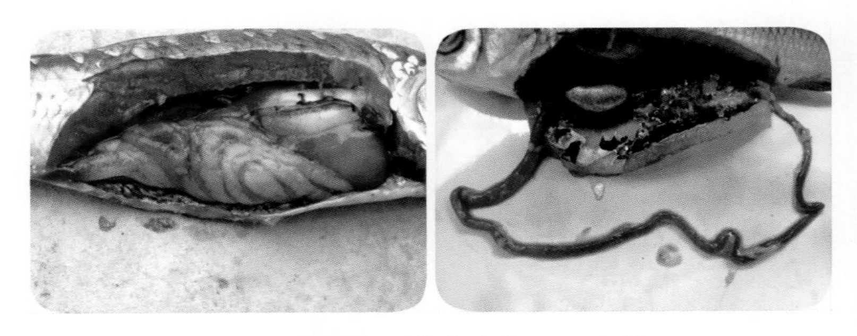

草鱼出血病肠炎型临床症状（王庆供图）
病鱼肠道严重充血，内脏点状出血

3. 传染性脾肾坏死病

病原：传染性脾肾坏死病毒（ISKNV），隶属虹彩病毒科、肿大细胞病毒属。

流行特点：水温 25～34 ℃时易发病，28～30 ℃时为流行高峰。病原可感染鳜、鲻、石斑鱼、大菱鲆、大黄鱼、拟石首鱼、红姑鱼、大口黑鲈、尼罗罗非鱼、尖吻鲈、草鱼等50 多种海淡水鱼类，可通过水体水平传播和卵垂直传播。

临床症状：病鱼身体失去平衡，嘴张大，呼吸加快加深，不能吞食饲料，体色变黑，有时有抽筋样颤动，鳃贫血呈苍白色，可继发感染细菌和寄生虫，呈出血、腐烂状。解剖可见脾肿大、糜烂、充血，呈紫黑色；肾肿大、充血、糜烂，呈暗红色；胆囊肿胀；肠内有时充满黄色黏稠物；常见有腹水。

危害程度：对鳜、石斑鱼、大菱鲆、大黄鱼、红姑鱼、鰤、条石鲷等具有较强致病性，鳜和条石鲷感染死亡率近

100%，红姑鱼和鰤感染死亡率为40%～60%，其他敏感鱼类感染死亡率为10%～20%。每年养殖鳜发病率20%以上，年直接经济损失约14亿元。

防控措施：引入检疫合格苗种；控制适宜的放养密度；保持水质稳定；使用优质配合饲料，加强投喂管理；定期投喂免疫调节剂，提高鱼体抗病力；对水源、养殖设施、引进苗种等进行严格消毒。确认感染后应当立即对患病群体进行隔离、扑杀和无害化处理，并对养殖设施、工具和场地进行彻底消毒，限制易感染动物和动物产品及有关物品出入等。

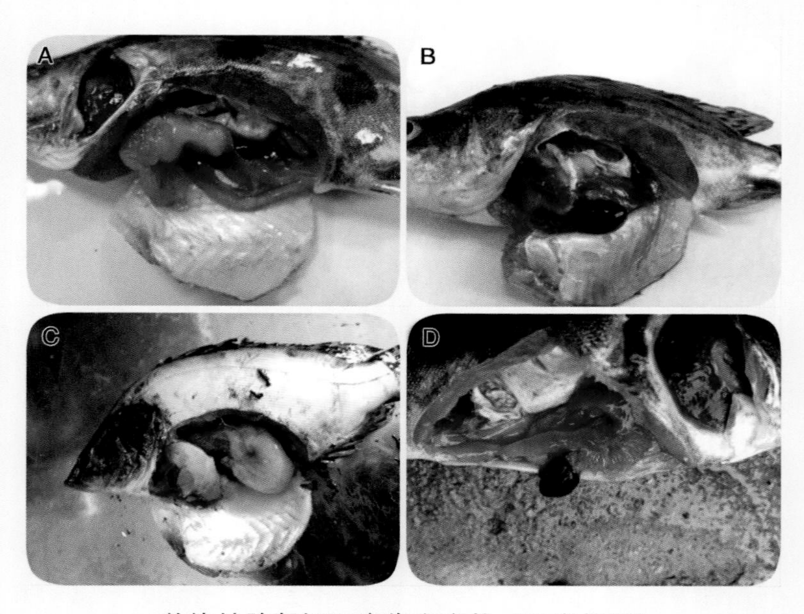

传染性脾肾坏死病临床症状（王庆供图）

A. 病鱼肠壁变薄，有黄色结晶　B. 病鱼胆汁增多，肾肿大

C. 病鱼肝发白　D. 病鱼脾肿大

4. 锦鲤疱疹病毒病

病原：鲤疱疹病毒Ⅲ型（CyHV-3），又名锦鲤疱疹病毒（KHV），隶属异样疱疹病毒科、鲤疱疹病毒属。

流行特点：水温 18～28 ℃时易发病，23～28 ℃时为流行高峰。病原可感染鲤、锦鲤及其变种等淡水鱼类，不同规格鱼均可被感染；可通过水体水平传播。

临床症状：病鱼游动无方向感，呼吸困难，食欲减退，或在水中呈头下尾上的直立姿势漂浮，体表黏液明显增多，出血或充血，尤以鳍条基部为甚，头盖骨凹凸不平，眼球凹陷，鳃丝发白，肛门红肿。解剖后可见病鱼脾、肾肿大，肝易碎。

危害程度：感染后有 14 天潜伏期，发病并出现症状24～48小时后开始死亡，2～4 天内死亡率可迅速达 80%～100%。

防控措施：可通过引入检疫合格苗种；注射商品化疫苗；控制适宜的放养密度；保持水质稳定；使用优质配合饲料，加强投喂管理；定期投喂免疫调节剂，提高鱼体抗病力；对水源、养殖设施、引进苗种等进行严格消毒等措施降低感染率。确认感染后应当立即对患病群体进行隔离、扑杀和无害化处理，并对养殖设施、工具和场地进行彻底消毒，限制易感染动物和动物产品及有关物品出入等。

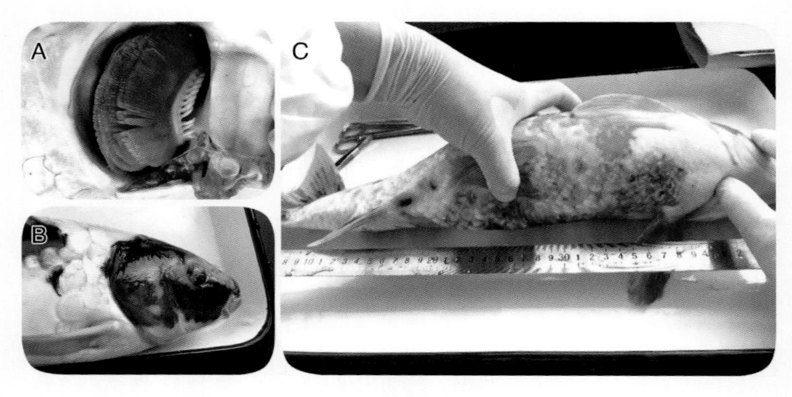

锦鲤疱疹病毒病临床症状（陈晖供图）
A. 病鱼鳃丝发白　B. 病鱼眼球凹陷　C. 病鱼腹部充血和出血

5. 刺激隐核虫病

病原：刺激隐核虫，隶属于前口纲、前管目、隐核虫科、隐核虫属。

流行特点：水温 10～30 ℃时易发病，22～26 ℃时为流行高峰。病原可感染大黄鱼、卵形鲳鲹、石斑鱼、真鲷、斜带髭鲷等不同规格的温带和热带海域鱼类，可通过包囊及幼虫形式水平传播。

临床症状：患病前期病鱼游动缓慢，反应迟钝，呼吸困难，食欲不振，鱼体瘦弱。严重时病鱼离群缓慢游动，不摄食，体表、眼角膜、口腔周围和鳃可观察到白点，体表、鳍、鳃黏液增生形成白色混浊状薄膜。后期病鱼体表出现点状出血或溃烂、鳍条缺损、头部和尾部溃烂、眼角膜损伤等症状。

危害程度：死亡率高，发病后 1～2 天内可全部死亡。大黄鱼发病率达 80%以上，死亡率在 70%以上。其他鱼类也会发病并引起大量死亡。

防控措施：可通过引入检疫合格苗种；注射商品化疫苗；控制适宜的放养密度；保持水质稳定；使用优质配合饲料，加强投喂管理；定期投喂免疫调节剂，提高鱼体抗病力；对水源、养殖设施、引进苗种等进行严格消毒等措施降

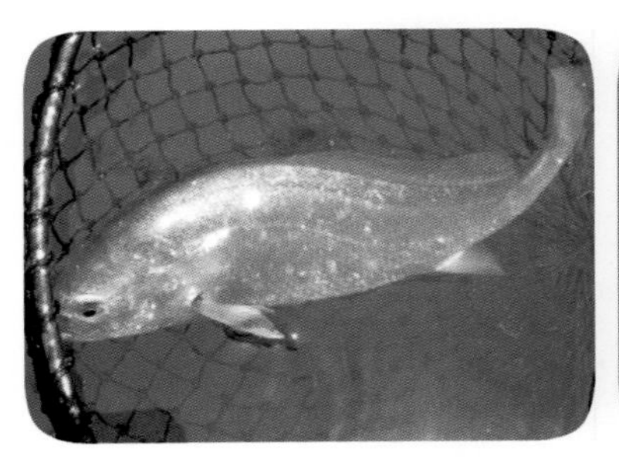

刺激隐核虫病（大黄鱼）临床症状（樊海平供图）
患病鱼体表存在白点

刺激隐核虫病（斜带髭鲷）临床症状（樊海平供图）
患病鱼体表存在白点

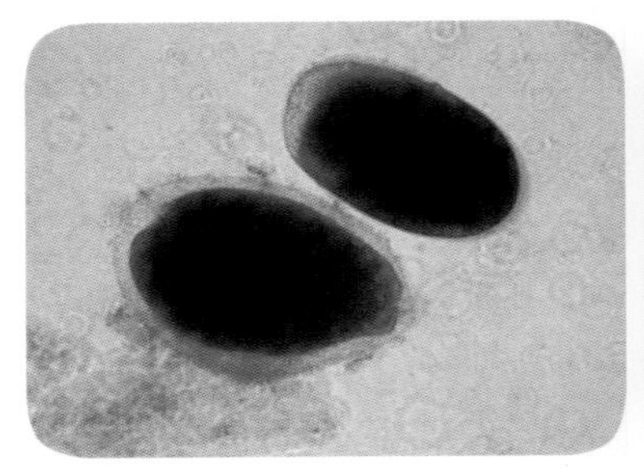

刺激隐核虫虫体（樊海平供图）

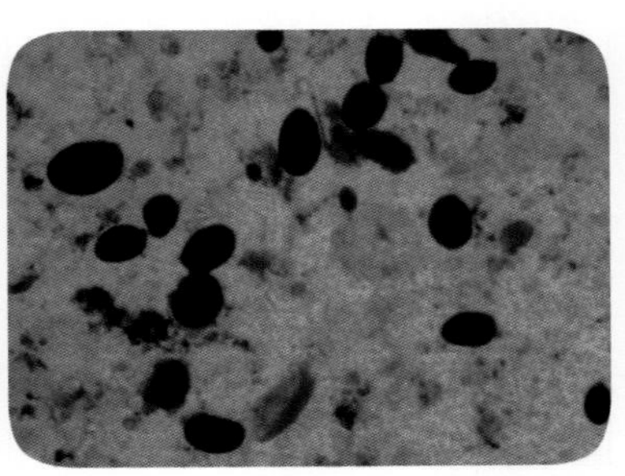

黏液里的刺激隐核虫（樊海平供图）

低感染率。确认感染后应当立即对患病群体进行隔离、扑杀和无害化处理，并对养殖设施、工具和场地进行彻底消毒，限制易感染动物和动物产品及有关物品出入等。在发病初期可将网箱和鱼整体搬迁，改善水环境条件而控制该病；发病后期因鱼体质弱不能搬迁网箱和鱼。

6. 淡水鱼细菌性败血症

病原：嗜水气单胞菌、温和气单胞菌等多种细菌，均隶属变形菌门、γ变形菌纲、气单胞菌目、气单胞菌科、气单胞菌属。

流行特点：水温9～36℃时易发病，水温持续在28℃以上及高温季节后水温仍保持在25℃以上时为流行高峰。可感染鲫、鳊、鲢、鳙、鲤、鲮、草鱼、青鱼等不同规格鲤科鱼类，以2龄成鱼为主。

临床症状：病鱼离群缓慢游动，体表严重充血，眼球突出，眼眶周围、上下颌、口腔、鳃盖、鳍基部及鱼体两侧充血，肛门红肿，腹部膨大。解剖可见腹腔内有淡黄色或红色腹水；鳃、肝、肾颜色较淡，呈花斑状；肝、脾、肾、胆囊肿大，脾呈紫黑色；肠系膜、肠壁充血，无食物，部分出现肠腔积水或气泡。部分病鱼有鳞片竖起，肌肉、鳔壁后室充血等症状。

危害程度：病情严重时发病率高达100%，死亡率达90%以上。

防控措施：可通过引入检疫合格苗种；注射商品化疫苗；控制适宜的放养密度；保持水质稳定；使用优质配合饲

料，加强投喂管理；定期投喂免疫调节剂，提高鱼体抗病力；对水源、养殖设施、引进苗种等进行严格消毒等措施降低感染率。确认感染后应当立即对患病群体进行隔离、扑杀和无害化处理，并对养殖设施、工具和场地进行彻底消毒。

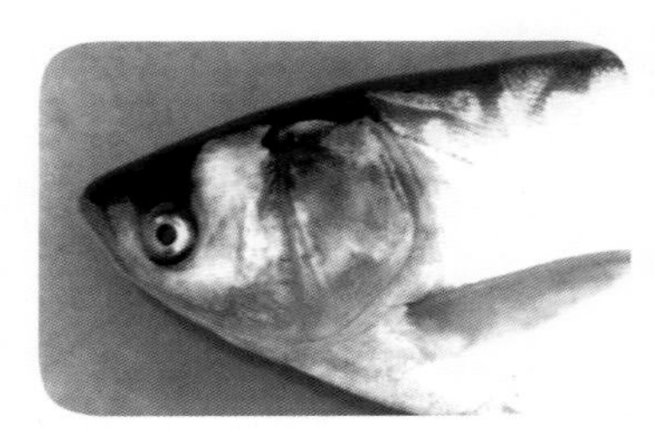

淡水鱼（鲢）细菌性败血症临床症状（陈昌福供图）
患病鲢头部及鳍出血

淡水鱼（鲫）细菌性败血症临床症状（陈昌福供图）
患病鲫感染后体表及肌肉充血

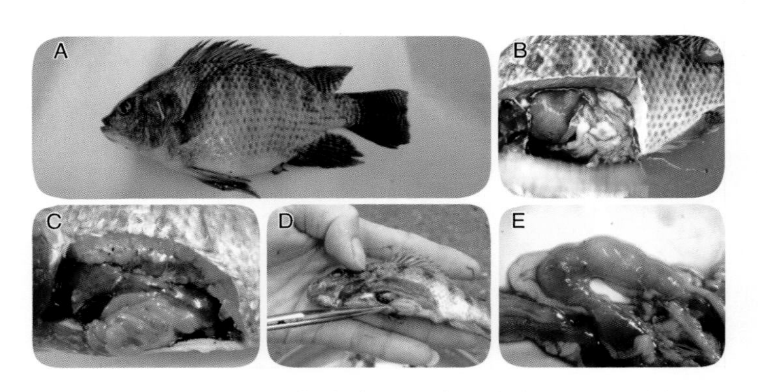

淡水鱼（罗非鱼）细菌性败血症临床症状（胡大胜供图）
A. 体表多处出血，腹部膨大，肛门外突 B. 血性腹水，空肠，肠道鼓气胀大 C、D、E. 肠道鼓气胀大，有血黄色或血色液体

7. 病毒性神经坏死病

病原：鱼类神经坏死病毒（NNV），隶属野田村病毒科、乙型野田村病毒属。可分为 SJNNV 型（拟鲹神经坏死病毒型）、TPNNV 型（鲀神经坏死病毒型）、BFNNV 型（鲽神经坏死病毒型）和 RGNNV 型（石斑鱼神经坏死病毒型）四种基因型。

流行特点：不同基因型发病水温不同。SJNNV 型和 RGNNV 型在水温 18～26 ℃时易发病，BFNNV 型在水温 6 ℃左右时易发病，TPNNV 型在水温 20 ℃左右时易发病。病原可感染牙鲆、大菱鲆、东方红鳍鲀、尖吻鲈、欧洲舌齿鲈、各种石斑鱼、黄带拟鲹、条石鲷、条纹星鲽、庸鲽等近 60 种鱼类，不同规格鱼均可被感染；可通过水体水平传播和卵垂直传播。

临床症状：病鱼食欲减退，于水面间歇性打转，沉底后死亡，体色发黑，眼球混浊突出，头部出血，鳃盖展开，鱼体畸形率较高。鲽类症状不明显，部分病鱼滞留池底，身体弯曲，头和尾上翘。解剖后可见鳔明显膨胀。

危害程度：对仔鱼和稚鱼的危害最大，感染鱼死亡率通常高达 80%～100%。存活鱼可被 NNV 持续感染而不发病，成为病毒终生携带者。

防控措施：引入检疫合格苗种；注射商品化疫苗；控制适宜的放养密度；保持水质稳定；使用优质配合饲料，加强投喂管理；定期投喂免疫调节剂，提高鱼体抗病力；对水源、养殖设施、引进苗种等进行严格消毒。确认感染后应当立即对患病群体进行隔离、扑杀和无害化处理，并对养殖设施、工具和场地进行彻底消毒。

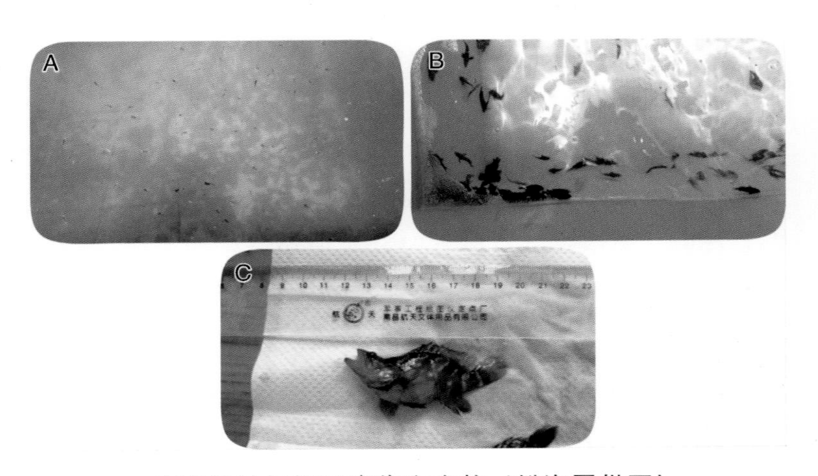

病毒性神经坏死病临床症状（樊海平供图）

A. 小规格苗种在水面漂浮打转　B. 大规格苗种沉底、体色发黑　C. 病鱼身体畸形

8. 传染性造血器官坏死病

病原：传染性造血器官坏死病毒（IHNV），隶属弹状病毒科、粒外弹状病毒属。

流行特点：水温 8～15 ℃时易发病。病原主要感染虹鳟苗种，3 月龄内的个体易发病；可通过水体水平传播和卵垂直传播。

临床症状：病鱼昏睡，运动缓慢，有时狂暴乱窜，体色变黑，眼球突出，部分腹部膨大、有 V 形出血，鳃苍白，鳍条基部甚至全身性点状出血，有的肛门处拖一条假管形黏液粪便。解剖可见贫血，肠道缺乏食物，肝、脾和肾苍白，内脏器官有出血斑。

危害程度：1月龄内鱼苗死亡率可达到90%以上。健康状况良好的成鱼不易感，死亡率也较低。感染后存活的鱼有很强抗病力，但是仍能携带病毒并排入水中。

防控措施：可通过引入检疫合格苗种；注射商品化疫苗；控制适宜的放养密度；保持水质稳定；使用优质配合饲料，加强投喂管理；定期投喂免疫调节剂，提高鱼体抗病力；对水源、养殖设施、引进苗种等进行严格消毒等措施降低感染率。确认感染后应当立即对患病群体进行隔离、扑杀和无害化处理，并对养殖设施、工具和场地进行彻底消毒。

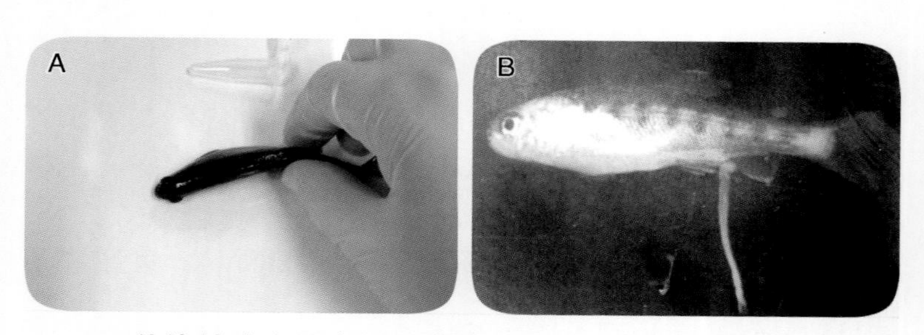

传染性造血器官坏死病临床症状（江育林供图）

A. 患病鲑鳟眼突出，体色发黑　B. 患病鲑鳟拖假便

9. 流行性溃疡综合征

病原：侵袭丝囊霉菌，隶属水霉目、水霉科、丝囊

霉属。

流行特点：暴雨过后、低温或水温 18～22 ℃时易发病。病原可感染 130 多种淡水和部分咸淡水鱼类，乌鳢、大口黑鲈和鲃科鱼特别易感，鲤、罗非鱼和遮目鱼等有较强抗病力；可通过水体水平传播。

临床症状：发病早期病鱼漂浮于水面上，有时出现异常游动，食欲不振，体色发黑。中期体表、头、鳃盖和尾部可见红斑，后期出现较大红色或灰色的浅部溃疡，并伴有棕色坏死。大面积溃烂多发生在躯干和背部，可闻到恶臭味，有时病灶表面出现肉眼可观察到白色丛生菌丝。

危害程度：由于感染造成皮肤、肌肉损伤，通常混合或继发其他条件性细菌（如嗜水气单胞菌）和病毒（如弹状病毒）等感染而加重病情，增加死亡。感染后的发病率与死亡率因宿主不同而异，乌鳢在水温 18～22 ℃时发病率和死亡率均高于 50%，实验条件下死亡率可达 100%。

防控措施：可通过引入无病原苗种，对水源、养殖设

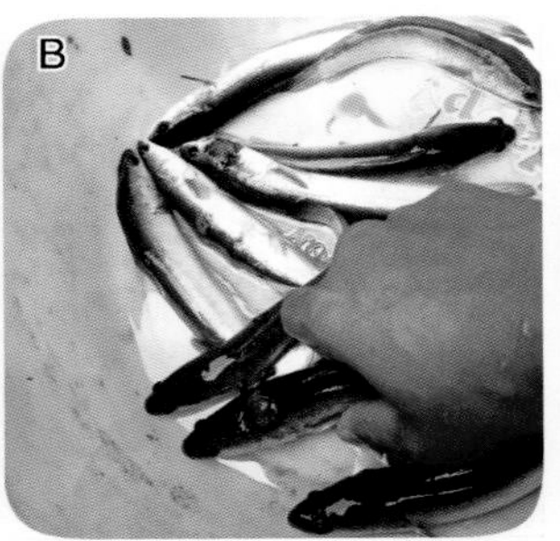

流行性溃疡综合征（耿毅供图）

A. 患病大口黑鲈体表形成溃疡　B. 患病乌鳢体表形成溃疡

施、引进苗种和投喂饲料进行严格消毒，拌饵投喂免疫增强剂等措施降低感染率。确认感染后应当立即对患病群体进行隔离、扑杀和无害化处理，并对养殖设施、工具和场地进行彻底消毒。

10. 鲫造血器官坏死病

病原： 鲤疱疹病毒Ⅱ型（CyHV－2），隶属疱疹病毒科、鲤疱疹病毒属。

流行特点： 水温10～33℃易发病，22～28℃为流行高峰。病原可感染金鱼、鲫及鲫杂交变种（异育银鲫、江都银鲫、日本鲫等），不同规格鱼均可被感染；可通过水体水平传播和卵垂直传播。

临床症状： 病鱼游动缓慢，体色发黑，体表广泛性充血或出血，尤其以鳃盖、下颌、前胸部和腹部最为严重，鳃丝肿胀呈鲜红色，黏液较少，濒死鱼鳃血管易破裂而出血。解剖后可见淡黄色或红色腹水，肝、肾、脾等器官肿大，并有程度不一的充血，鳔出现点状或斑块状充血。

危害程度： 患病鱼死亡率高达90%以上。

防控措施： 引入检疫合格苗种；控制适宜的放养密度；保持水质稳定；使用优质配合饲料，加强投喂管理；定期投喂免疫调节剂，提高鱼体抗病力；对水源、养殖设施、引进苗种等进行严格消毒。确认感染后应当立即对患病群体进行隔离、扑杀和无害化处理，并对养殖设施、工具和场地进行彻底消毒。

鲫造血器官坏死病临床症状（曾令兵供图）

A、B. 病鱼体表出血　C、D. 病鱼内脏出血

11. 鲤浮肿病

病原：鲤浮肿病毒（CEV），隶属痘病毒科（亚科未定）。可分为Ⅰ和Ⅱ两种基因型，其中Ⅱ基因型又分为Ⅱa和Ⅱb基因型。

流行特点：水温20～27℃时易发病。病原可感染鲤、锦鲤及其变种，各规格鱼均可被感染；可通过水体水平传播。换水、用药不当，或水质、天气突变，可诱发该病。

临床症状：病鱼游动缓慢，反应迟钝，食欲减退，聚集在池塘水面、边缘或底部，倒向一侧呈昏睡状，眼球凹陷，体表、吻端和鳍基部有溃疡、出血，皮下组织水肿，鳃部糜烂、溃疡。

危害程度：患病鱼死亡率在20%～50%，最高可达

90%以上。

防控措施：引入检疫合格苗种，对水源、养殖设施、引进苗种和投喂饲料进行严格消毒，控制养殖密度，与一定比例鳙混养，减少转池等导致鱼体受伤和应激反应的行为，定期拌饵投喂免疫增强剂，提高鱼体抗病力。确认感染后应当立即对患病群体进行隔离、扑杀和无害化处理，并对养殖设施、工具和场地进行彻底消毒。同时，立即停料，不滥用消毒剂和杀寄生虫等药物；待发病3～4日后少量投喂饲料，并施以渔用多种维生素和抗病毒的中药制剂，措施得当可减损。

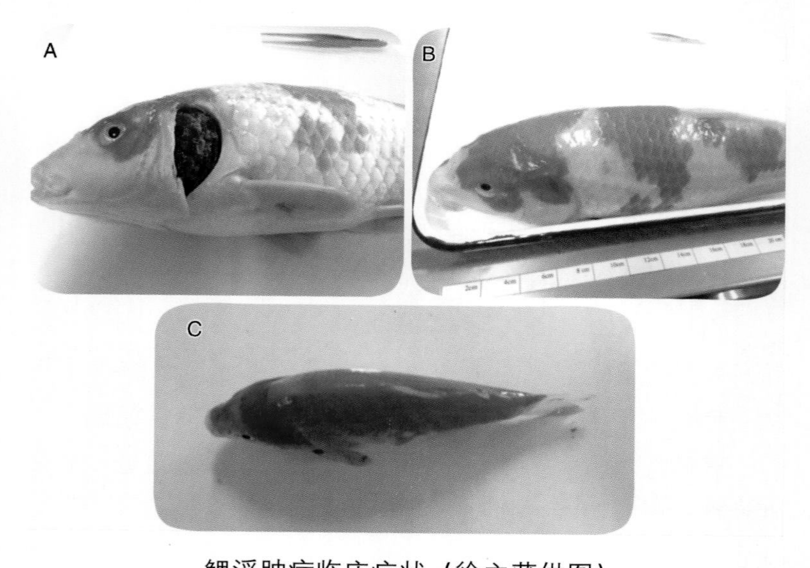

鲤浮肿病临床症状（徐立蒲供图）

A. 患病锦鲤鳃组织糜烂　B. 患病锦鲤眼球凹陷　C. 患病锦鲤鱼体浮肿

12. 白斑综合征

病原：白斑综合征病毒（WSSV），隶属线头病毒科、白斑病毒属。

流行特点：水温 20～30 ℃易发病。病原可感染中国明对虾、斑节对虾、凡纳滨对虾、日本对虾、克氏原螯虾、三疣梭子蟹、锯缘青蟹、中华绒螯蟹等甲壳类动物，可经口水平传播和通过卵垂直传播。

临床症状：病虾行动异常，弹跳无力，活力下降，并很快死亡。虾体颜色变化较大，呈淡红色或粉红色，甲壳上出现白点，白点直径小于 3 毫米或连成片。部分病虾仅有少量或几乎没有白斑。

危害程度：一般发病后 2～3 天（最多 1 周）死亡率接近 100%。

防控措施：可通过引入检疫合格和无特定病原（SPF）苗种，养殖抗病品种，对水源、养殖设施、引进苗种和投喂饲料进行严格消毒，杀灭或驱除水体中野生甲壳动物，采用鱼虾混养，避免与虾蟹类近缘种类混养，投喂优质饲料，避免大排大灌换水，保持水质优良且稳定等措施降低感染率。确认感染后应当立即对患病群体进行隔离、扑杀和无害化处理，并对养殖设施、工具和场地进行彻底消毒。

白斑综合征临床症状（张庆利供图）

A. 患病中国明对虾头胸甲部位出现的白斑　B. 患病凡纳滨对虾出现红体和白斑症状　C、D. 病虾头胸甲上的白斑

13. 十足目虹彩病毒病

病原：虾血细胞虹彩病毒（DIV1），隶属虹彩病毒科、十足目虹彩病毒属。

流行特点：水温16～32℃易发病，27～28℃为流行高峰。可感染中国明对虾、凡纳滨对虾、罗氏沼虾、日本沼虾、克氏原螯虾、红螯螯虾、脊尾白虾和三疣梭子蟹等甲壳类动物，可通过粪便、同类相食等水平传播。

临床症状：病虾活力下降，停止摄食；濒死个体失去游动能力，沉入池底，体表颜色变浅，额剑基部甲壳下呈现白色三角区域病变，俗称“白头”或“白点”。部分患病的凡纳滨对虾会出现明显红体症状。解剖后可见空肠空胃，肝胰腺萎缩。

危害程度： 凡纳滨对虾、罗氏沼虾和红螯螯虾等发病后2周内死亡率达90%以上。

防控措施： 可通过引入检疫合格苗种和无特定病原（SPF）苗种，养殖抗病品种，对水源、养殖设施、引进苗种和投喂饲料进行严格消毒，杀灭或驱除水体中野生甲壳动物，对引入苗种隔离15～30天后养殖，采用鱼虾混养，避免与虾蟹类近缘种类混养，控制养殖密度，投喂优质饲料，避免大排大灌换水，保持水质优良且稳定等措施降低感染率。确认感染后应当立即对患病群体进行隔离、扑杀和无害化处理，并对养殖设施、工具和场地进行彻底消毒。

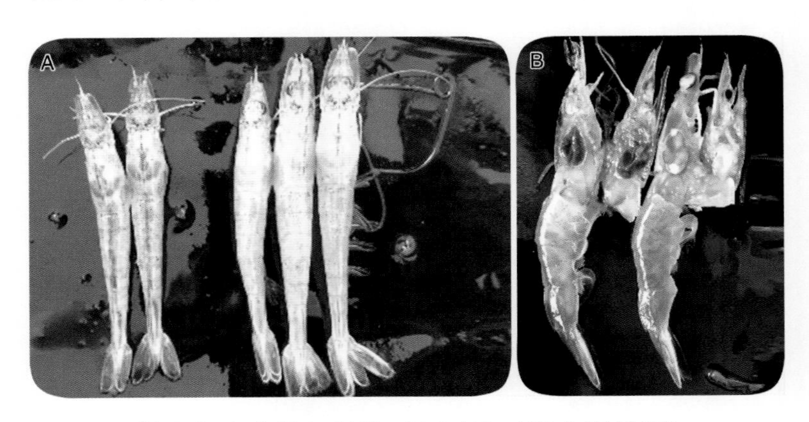

健康与患病的凡纳滨对虾对比（张庆利供图）

A. 健康凡纳滨对虾（左 1～2）和患病凡纳滨对虾（右 1～3）外观对比　B. 健康凡纳滨对虾（左）和患病凡纳滨对虾（右）头胸部切面对比

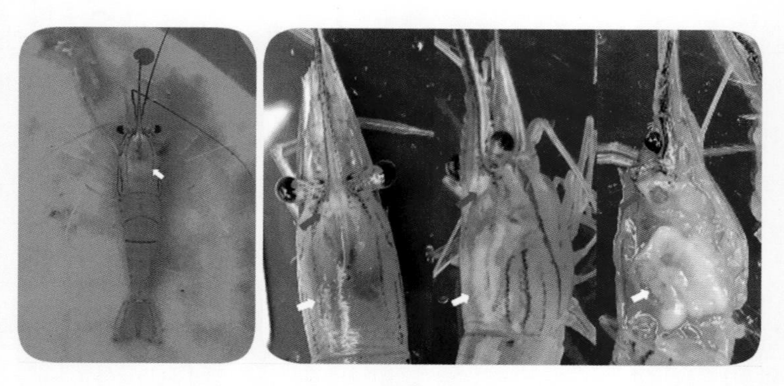

患病罗氏沼虾外观及头胸部症状（张庆利供图）
蓝色箭头示“白头”，白色箭头示肝胰腺颜色变浅

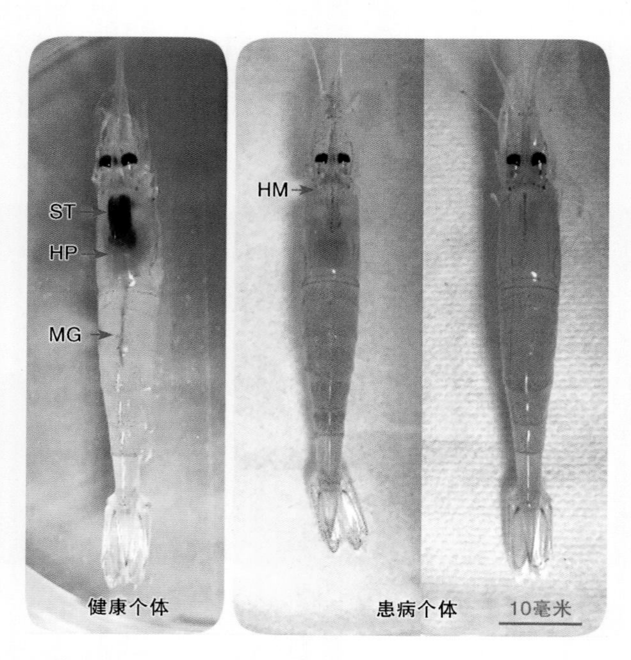

健康和患病的脊尾白虾外观对比（黄倢供图）
ST. 胃　HP. 肝胰腺　MG. 中肠　HM. 造血组织

14. 虾肝肠胞虫病

病原：虾肝肠胞虫（EHP），隶属真菌界、微孢子门、单倍期纲、壶突目、肠胞虫科。

流行特点：水温24～31℃时易发病。病原可感染所有生活阶段的对虾、罗氏沼虾、日本沼虾、克氏原螯虾、中华绒螯蟹、梭子蟹等甲壳类动物，可经口水平传播和通过卵垂直传播。

临床症状：低水平感染时无明显临床症状或生长性状变化。高水平感染时病虾生长迟缓，个体消瘦，体重比同体长未感染个体低30%左右。病虾由于能量供应不足而摄食量增加，常因摄食池底藻类和杂质而使肝胰腺颜色更深，出现“白便”现象。

危害程度：出现养殖对象生长明显迟缓的养殖场阳性率可达90%以上，正常个体与患病个体体长差异最大可达200%，体重差异可达300%。

防控措施：可通过引入检疫合格苗种和无特定病原（SPF）苗种，对水源、养殖设施、引进苗种和投喂饲料进行严格消毒，对引入苗种隔离15～30天后养殖，投喂优质饲料和益生菌，通过“虾厕”、水流和投喂排放管理等方式使饲料与虾类粪便分离等措施降低感染率。确认感染后应当立即对患病群体进行隔离、扑杀和无害化处理，并对养殖设施、工具和场地进行彻底消毒。

虾肝肠胞虫病临床症状
（张庆利供图）
感染虾肝肠胞虫的凡纳滨对虾
个体大小不一

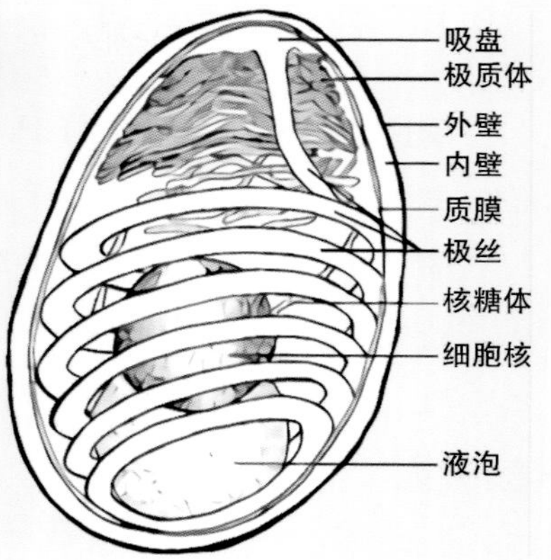

虾肝肠胞虫的结构模式图
（引自 Franzen and Muller，1999）

三类水生动物疫病

《中华人民共和国动物防疫法》第四十一条规定：发生三类动物疫病时，所在地县级、乡级人民政府应当按照国务院农业农村主管部门的规定组织防治。

第四十二条规定：二、三类动物疫病呈暴发性流行时，按照一类动物疫病处理。

1. 真鲷虹彩病毒病

病原：真鲷虹彩病毒（RSIV），隶属虹彩病毒科、巨大细胞病毒属。

流行特点：水温25～32℃时易发病。病原主要感染鲷、鲈、鲀、鲆、鲳鲹等40多种鱼类的幼鱼，对成鱼也有一定影响；可通过水体水平传播和卵垂直传播。

临床症状：病鱼昏睡，游动减少，无活力，反应迟钝，呼吸困难，体色变黑，鳃呈灰白色，可见瘀斑点。解剖可见严重贫血，脾肿大。

危害程度：死亡率差别较大，日本养殖的真鲷幼鱼发病后死亡率达37.9%，但12月龄以上病鱼死亡率仅为4.1%左右。

防控措施：可通过引入无病原苗种，使用商品化疫苗，对水源、养殖设施、引进苗种和投喂饲料进行严格消毒，投喂免疫增强剂等措施降低感染率。一旦发病，立即停料，不滥用消毒剂和杀寄生虫等药物，及时捞出死鱼进行无害化处理；待发病 3～4 日后少量投喂饲料，并施以渔用多种维生素和抗病毒的中药制剂，措施得当可减损。

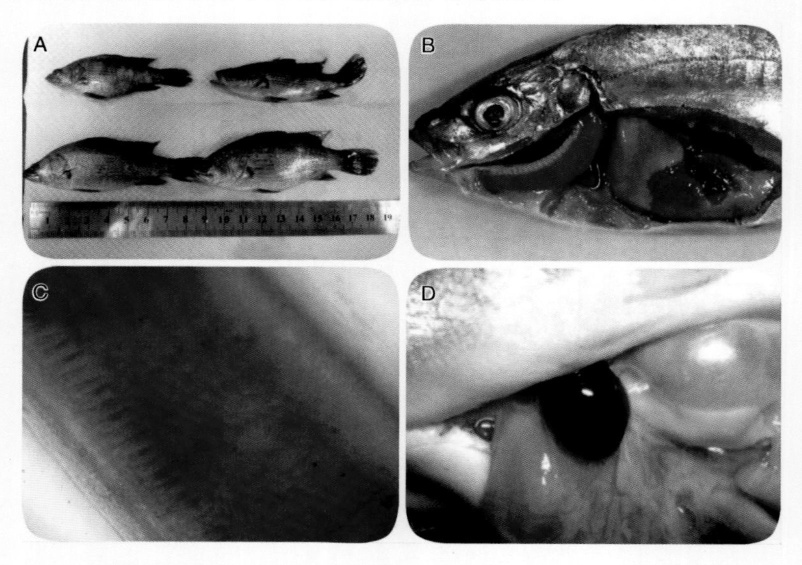

真鲷虹彩病毒病临床症状（江育林、兰文升供图）

A. 患病尖吻鲈体色发黑　B. 病鱼鳃和肝褪色　C. 病鱼鳃上有大量黑斑点　D. 病鱼脾肿大并发黑

2. 传染性胰脏坏死病

病原：传染性胰脏坏死病毒（IPNV），隶属双联 RNA 病毒科、水生双联 RNA 病毒属，现有 A1～A9 共 9 个血清型，1～6 型共 6 个基因型。

流行特点：水温 10～15 ℃时易发病。病原可感染大西洋鲑、虹鳟、褐鳟、远东红点鲑和几种太平洋大麻哈鱼类，以及欧洲舌齿鲈、五条鰤、大菱鲆、欧洲黄盖鲽、庸鲽、鳎、塞内加尔鳎、大西洋鳕等鱼类；小于 3 个月的鱼受害较严重，5 月龄以后一般不发病，但可成为病毒终生携带者。

临床症状：病鱼垂直转圈运动直至死亡，食欲减退，体色发黑，眼球突出，皮肤和鳍条出血，腹部膨大。解剖后可见腹腔积水，胃部出血，肠内无食物而充满黄色黏液，胰腺组织、黏膜上皮、肠系膜和胰腺泡坏死，脂肪病变。

危害程度：小于 3 个月的虹鳟鱼苗在水温 10～12 ℃时感染率和死亡率可达 20%～90%。

防控措施：引入检疫合格苗种；控制适宜的放养密度；保持水质稳定；使用优质配合饲料，加强投喂管理；定期投喂免疫调节剂，提高鱼体抗病力；对水源、养殖设施、引进苗种等进行严格消毒。一旦发病，立即停料，不滥用消毒剂和杀寄生虫等药物，及时捞出死鱼进行无害化处理；待发病

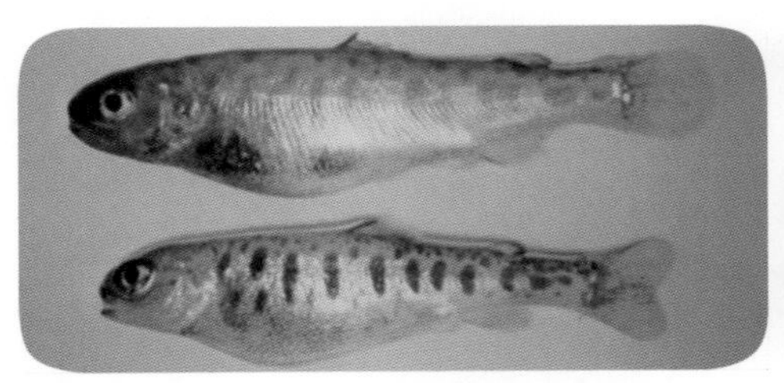

传染性胰脏坏死病临床症状（引自冈本信明，2007）

患病虹鳟鱼苗体色变黑，腹部膨胀，眼球突出

传染性胰脏坏死病临床症状（江育林供图）

患病虹鳟鱼苗腹部膨胀，眼球突出，体表发黑

3～4 日后少量投喂饲料，并施以渔用多种维生素和抗病毒的中药制剂，措施得当可减损。

3. 牙鲆弹状病毒病

病原：牙鲆弹状病毒（HIRRV），隶属弹状病毒科、粒外弹状病毒属。

流行特点：水温 15 ℃以下易发病，10 ℃左右时为流行高峰。病原可感染牙鲆，尤其是牙鲆苗种，也可感染香鱼、石鲽、花鲈、黑鲷、真鲷、平鲉、河鳟、虹鳟等鱼类。

临床症状：病鱼游动缓慢，静止在水底或漫游于水面，体色发黑，鳍充血发红或出血，腹部膨大。解剖后可见浅黄色腹水，内脏器官充血，肌肉出血。

危害程度：疾病流行高峰期，牙鲆死亡率可高达 60% 以上。

防控措施：可通过引入无病原苗种，对水源、养殖设

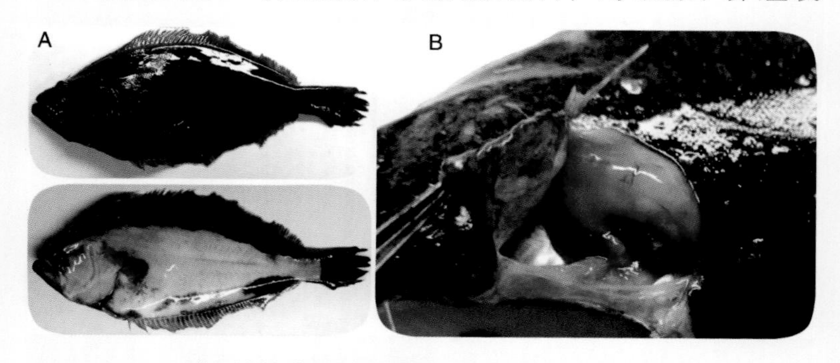

牙鲆弹状病毒病临床症状（战文斌供图）

A. 患病牙鲆体色发黑，腹部膨胀，鳍充血发红，肌肉出血　B. 患病牙鲆内脏出血，腹腔有腹水

施、引进苗种进行严格消毒，控制养殖密度，投喂优质饲料，保持水质优良且稳定等措施降低感染率。

4. 鱼爱德华氏菌病

病原：迟缓爱德华氏菌和鮰爱德华氏菌，均隶属变形菌门、γ变形菌纲、肠杆菌目、肠杆菌科、爱德华氏菌属。

流行特点：水温 15 ℃时易发病，20～25 ℃时为流行高峰。病原可感染日本鳗鲡、欧洲鳗鲡、牙鲆、大菱鲆、斑点叉尾鮰、尖吻鲈、大口黑鲈、欧洲舌齿鲈、胭脂鱼、多种鲷、尼罗罗非鱼、虹鳟、大鳞大麻哈鱼、美洲红点鲑、黄体鰤、鲤、蟾胡子鲇、远东鲇、卡特拉鲃、南亚野鲮等多种淡水和海水鱼的成鱼，以及无脊椎动物、两栖动物、爬行动物、鸟类和哺乳动物，是一种人畜共患病。鮰爱德华氏菌可感染斑点叉尾鮰、犀目鮰、云斑鮰、蟾胡子鲇等鲇形目鱼类和日本鳗鲡、斑马鱼、玫瑰无须鲤、蓝色弓背鱼等非鲇形目鱼类的各规格鱼。

临床症状：感染迟缓爱德华氏菌的病鱼发病初期体表外侧可见直径 3～5 毫米的皮肤损伤。严重时，胸腹和尾柄部肌肉可见溃疡，且病灶迅速扩大，形成隆起肿胀的气肿，内部充满恶臭气体，坏死的组织可填满空洞的 1/3。

鮰爱德华氏菌感染可分为急性型和慢性型。急性型病鱼体表、肌肉可见细小充血、出血和积液，腹部膨大。解剖可见腹水，肝水肿、质脆，有出血点和灰白色坏死斑点；脾、肾肿大并出血；胃膨大；肠道扩张，充血发炎，肠腔内充满气体和淡黄色水样黏液，黏膜水肿、充血。慢性型病鱼游动缓慢，食欲不振，浮于水面，有时以头上尾下姿势悬停于水中，并伴有打转或狂游，病灶周围褪色，两眼间出现一条纵向溃疡灶，并逐渐加深而露出头骨，在头部形成一个开放性的溃疡。

危害程度：感染后发病率可达 90%以上，1 周内累计死亡率可达 50%以上。

防控措施：可通过引入无病原苗种，注射商品化疫苗，对水源、养殖设施、引进苗种和投喂饲料进行严格消毒，控制养殖密度，保持水质优良且稳定，加强饲料管理，拌饵投喂免疫增强剂等措施降低感染率。

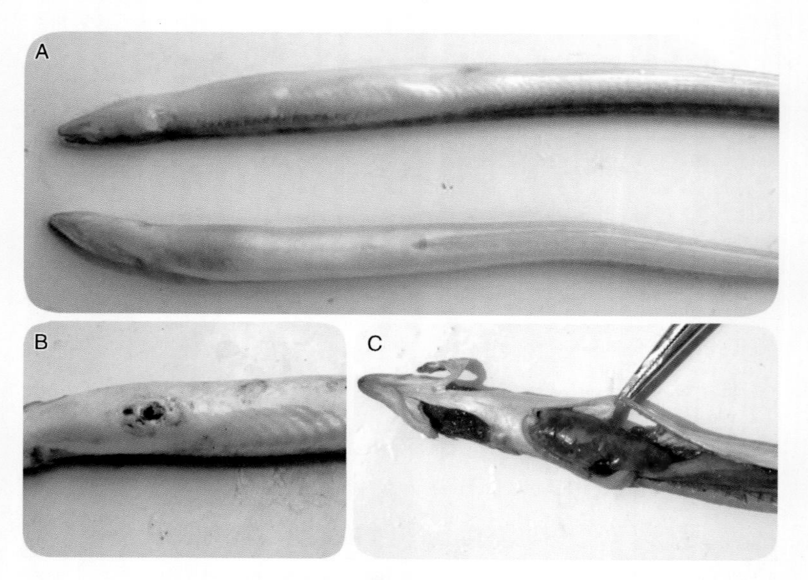

鱼爱德华氏菌病临床症状（樊海平供图）

A. 患病鳗鲡肝区肿胀　B. 患病鳗鲡体表形成内向外的穿孔　C. 患病鳗鲡肝肿大、具出血点，肌肉溃烂穿孔

5. 链球菌病

病原：海豚链球菌、无乳链球菌、副乳房链球菌、格式乳球菌等，均隶属乳杆菌目、链球菌科、链球菌属。

流行特点：全年均可发病，水温 25～37 ℃为流行高峰，高于 30 ℃会导致疾病暴发。可感染海水养殖的杜氏鰤、日本竹筴鱼、缟鲹、条石鲷、黑鲷、真鲷、牙鲆、红鳍东方鲀和半咸水及淡水养殖的日本鳗鲡、香鱼、虹鳟、尼罗罗非鱼等不同规格鱼。

临床症状：病鱼离群独自漂浮于水面，有时旋转游泳后再沉入水底，或静止于水底，食欲丧失，弯曲呈 C 形或逗号样，体色发黑，体表黏液增多，眼球突出、混浊、周围充血，吻端发红，肌肉充血，鳃盖内侧发红、充血或强烈出血。水温较低时鳍发红、充血或糜烂，体表局部特别是尾柄出现糜烂或带有脓血的疥疮。解剖可见幽门垂、肝、脾、肾或肠有点状出血，肝因出血和脂肪变性而褪色，甚至破损。

危害程度：死亡率 5%～50%不等。高水温时疾病呈急性感染，死亡高峰期可持续 2～3 周。水温低于 20 ℃时呈慢性感染，死亡率较低，但持续时间长。

防控措施：可通过引入无病原苗种，对水源、养殖设施、引进苗种和投喂饲料进行严格消毒，控制养殖密度，保持水质优良且稳定，加强饲料管理，投喂适量饲料和免疫增强剂提高鱼体抗病力，增加水体溶解氧等降低感染率。

链球菌病临床症状（胡大胜供图）

A. 患病罗非鱼头上尾下悬垂于水中 B. 患病罗非鱼体表出血 C. 患病罗非鱼身体弯曲，体表多处出血，肛门红肿 D. 患病罗非鱼病鱼肠道发红，有腹水

6. 细菌性肾病

病原：鲑肾杆菌。

流行特点：水温 7～18 ℃时易发病。病原可感染鲑鳟鱼类，尤其是大麻哈鱼（太平洋鲑）。可通过精、卵垂直传播。

临床症状：部分病鱼上下翻转游动，体色发黑，眼球突出。解剖可见腹水，肝、肾、脾肿大，肌肉有脓肿，肾普遍

可见直径 2～4 毫米的颗粒状肉芽肿，部分病鱼脾或肝上也有颗粒状肉芽肿。

危害程度：是一种典型的慢性传染病，累计死亡率约 50%，甚至更高。发病死亡情况可持续 1～2 个月或更长时间。

防控措施：可通过引入无病原苗种，对水源、养殖设施、引进苗种和投喂饲料进行严格消毒，控制养殖密度，保持水质优良且稳定等降低感染率。

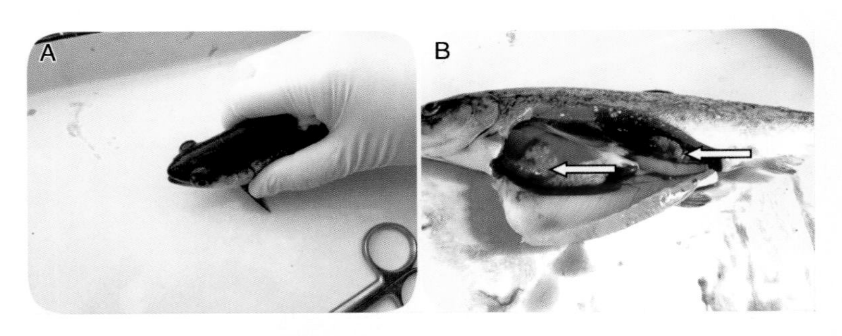

细菌性肾病临床症状（徐立蒲供图）

A. 患病虹鳟眼球突出　B. 患病虹鳟肾、肝存在肉芽肿

7. 杀鲑气单胞菌病

病原：杀鲑气单胞菌，隶属变形菌门、γ 变形菌纲、气单胞菌目、气单胞菌科、气单胞菌属。

流行特点：流行无季节性，一年四季均可发生，一般为散发性。可感染虹鳟、大西洋鲑、白斑狗鱼、大菱鲆、半滑舌鳎、海七鳃鳗、细鳞鲑、鲤、鲢、鲫、斑点叉尾鮰、乌鳢等鱼类。高龄鱼易感，鱼苗、幼鱼未见此病。

临床症状：病鱼离群独游，游动缓慢，食欲减退，鱼体消瘦，体色发黑，长有一个或多个疖疮，并在皮下肌肉内形成病灶，化脓形成脓疮，内部充满浓汁、血液和大量细菌。患部软化，向外隆起，隆起处皮肤先充血，然后出血，继而坏死、溃烂，形成火山形溃疡口。切开患处可见肌肉溶解，呈灰黄色混浊或凝乳状，有灰白色或红灰色脓液流出。解剖可见肠道充血发炎。本病分三型：急性型，病鱼急性死亡，无外部症状；亚急性型，病鱼病情发展较慢，在躯干肌肉形

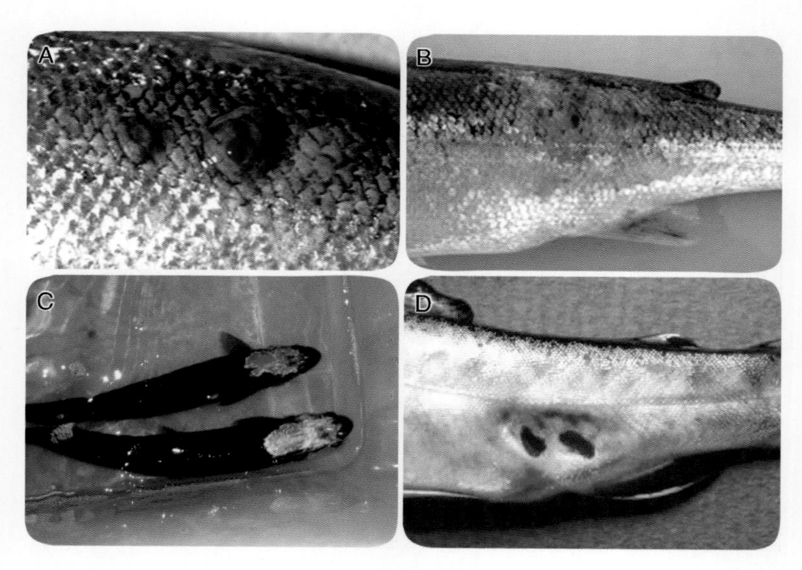

杀鲑气单胞菌临床症状（刘荭供图）

A. 病鱼皮肤、肌肉发炎，化脓形成脓疮，内部充满浓汁和血液
B. 病鱼皮肤发炎、充血　C. 患病北极红点鲑头部及背部大面积溃烂
D. 患病虹鳟病灶深入肌肉内

成疖疮（因此也称疖疮病），有外部症状，陆续死亡；慢性型，病鱼长期处于带菌状态，无症状。

危害程度：对虹鳟的危害较低，多表现为亚急性型或慢性型。晚春和夏季水温 10～20 ℃时死亡率较高，水温 9 ℃以下死亡率较低。慢性型病鱼不死亡。

防控措施：可通过引入无病原苗种，注射商品化疫苗，对水源、养殖设施和引进苗种进行严格消毒，控制养殖密度，保持水质优良且稳定等降低感染率。捕捞、运输、放养等过程中应避免鱼体受伤。

8. 小瓜虫病

病原：多子小瓜虫，隶属原生动物门、纤毛虫纲、膜口目、凹口科、小瓜虫属。

流行特点：全年均可发病，水温 15～25 ℃时为流行高峰。各种淡水鱼类、洄游性鱼类及观赏鱼类均可感染，尤其以鱼苗易感。

临床症状：病鱼反应迟钝，漂浮于水面，不时在其他物体上蹭擦，不久成群死亡。体表黏液增多，有肉眼可见小白点，严重时似有一层白色薄膜。鳞片脱落，鳍条裂开、腐烂。鳃上有大量寄生虫，鳃小片被破坏，鳃

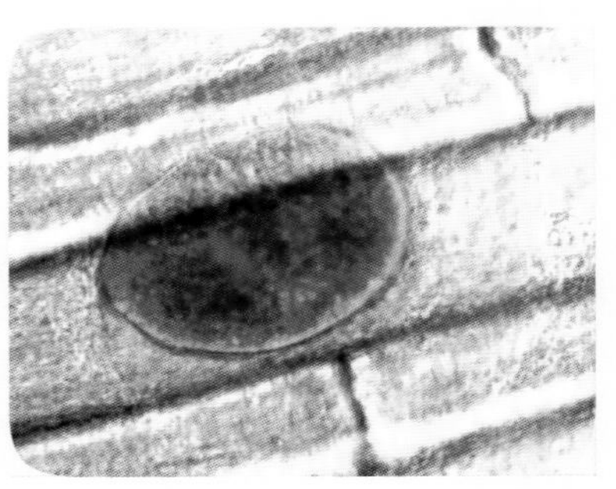

寄生在鳍条内的小瓜虫
（杨浩供图）

上皮增生或部分贫血。虫体若侵入眼角膜会引起发炎、瞎眼。

危害程度：虫体对表皮和鳃的寄生导致鱼窒息、代谢紊乱和伤口继发感染而死亡，严重时死亡率高达80%～90%。

防控措施：引入检疫合格苗种，对水源、养殖设施、引进苗种和投喂饲料进行严格消毒，在进水口安装过滤膜、加高排水口（高于塘外水面0.6米以上）防止野生鱼类进入养殖系统，投喂优质饲料等措施可降低感染率。将水温提高到28℃虫体会脱落死亡。

小瓜虫病临床症状（杨浩供图）

A. 患病草鱼体消瘦　B. 患病草鱼鳃丝分泌大量黏液，鳃丝末端发白，鳃组织中有肉眼可见的白点

9. 黏孢子虫病

病原：黏孢子虫，隶属黏体门、黏孢子虫纲、分属双壳目和多壳目。目前已发现近千种，海水致病种类有弯曲两极虫、小碘泡虫、角孢子虫、尾孢子虫、肌肉单囊虫、库道虫、金枪鱼六囊虫和安永七囊虫，淡水致病种类有鲢碘泡

虫、野鲤碘泡虫、鲫碘泡虫、圆形碘泡虫、异形碘泡虫、微山尾孢虫、鲢旋缝虫、脑黏体虫、中华黏体虫、两极虫、鲢四极虫、鲮单极虫、吉陶单极虫等。

流行特点：全年均可发病。虫体广泛寄生于多种海水和淡水鱼类，感染途径不清楚。

临床症状：病鱼症状随寄生部位和黏孢子虫种类不同而不同。在组织中寄生的种类可形成肉眼可见白色包囊，如鳃、皮肤、肌肉和内脏组织中的库道虫、碘孢虫和尾孢虫等。腔道寄生种类一般不形成包囊，虫体游离于器官腔中，如胆囊、膀胱和输卵管中的两极虫、角孢子虫等。严重感染时，胆囊膨大，胆管发炎，胆囊壁充血，成团孢子可堵塞胆管。

危害程度：有些种类可引起病鱼大批死亡，有些种类虽不引起大批死亡，但使病鱼失去观赏或食用价值。

防控措施：可通过引入无病原苗种，对水源、养殖设施、引进苗种和投喂饲料进行严格消毒等降低感染率。养殖前清除池底过多淤泥并用生石灰彻底消毒。

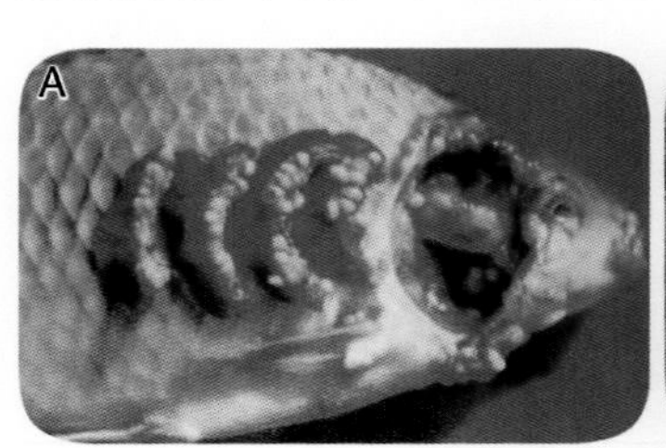

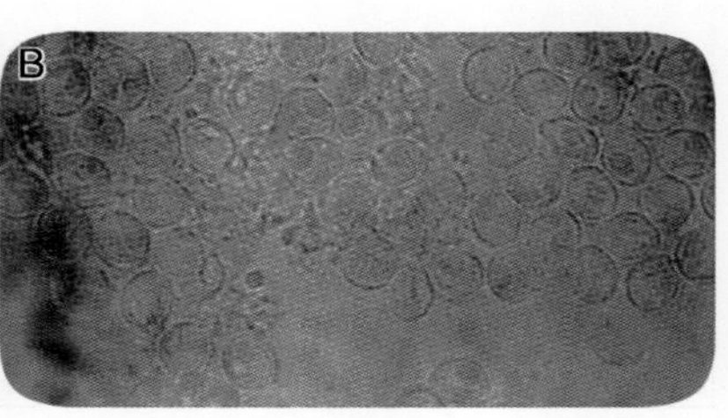

黏孢子虫病临床症状（钱冬供图）

A. 患病鲫感染黏孢子虫后体表形成包囊　B. 包囊中的黏孢子虫孢子

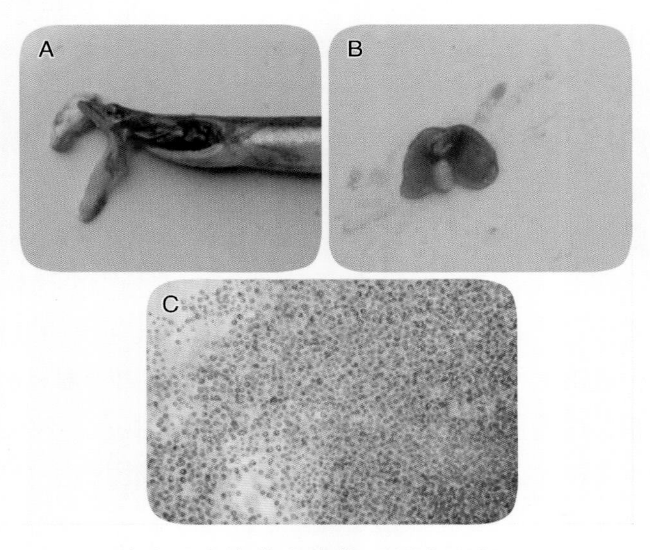

黏孢子虫病临床症状（樊海平供图）

A、B. 患病鳗鲡鳃感染黏孢子虫后形成包囊　C. 包囊中的黏孢子虫孢子

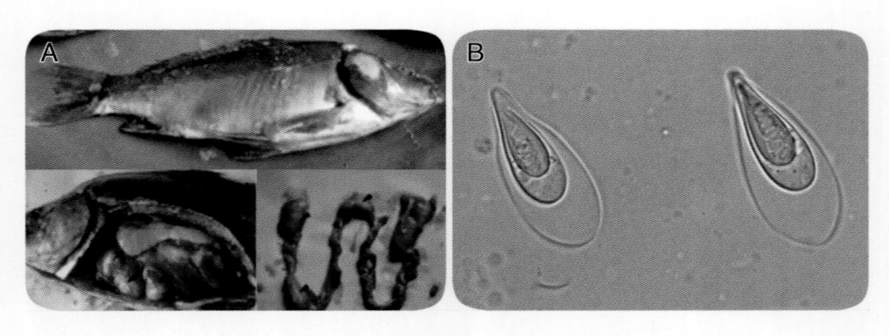

黏孢子虫病临床症状（柳阳供图）

A. 鲤感染吉陶单极虫后肠道膨大　B. 吉陶单极虫孢子

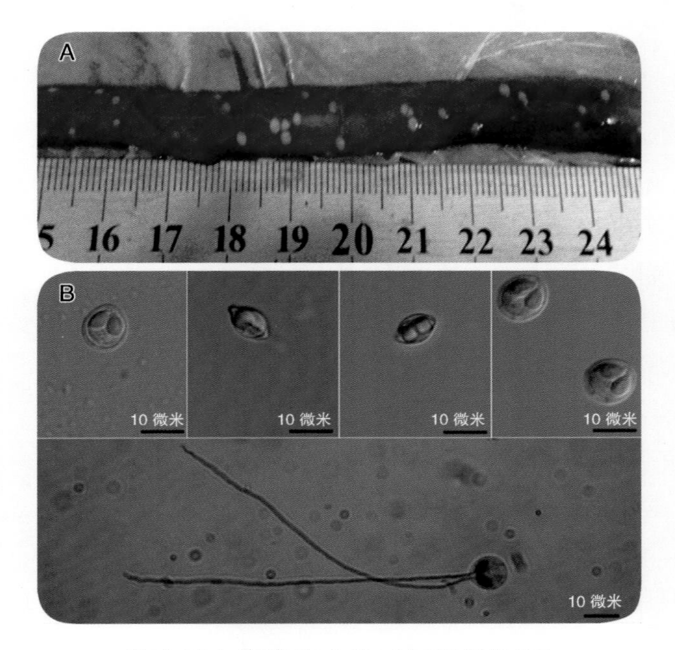

黏孢子虫病临床症状（刘新华供图）

A. 鲤感染太白碘泡虫后肠壁上形成的圆形孢囊 B. 太白碘泡虫的孢子

10. 三代虫病

病原：三代虫，隶属扁形动物门、吸虫纲、单殖亚纲、三代虫属。目前我国已发现 400 多种，主要致病种类有大西洋鲑三代虫、鲩三代虫、鲢三代虫、金鱼中型三代虫、金鱼细锚三代虫和金鱼秀丽三代虫。

流行特点：水温 20 ℃左右易发病。绝大多数野生及养殖鱼类均可感染，以咸淡水池塘和室内越冬池养殖鱼苗最易感，淡水鱼类也可被感染，可通过宿主直接接触传播。

临床症状： 病鱼游动异常，食欲减退，呼吸困难，鱼体消瘦，体表失去光泽，黏液增多，严重者鳃瓣边缘呈灰白色，鳃丝上呈斑点状淤血。病原主要寄生于鳃、体表和鳍上，有时在口腔、鼻孔中也有寄生。

危害程度： 造成鳃和体表严重损伤，降低鱼体对细菌、霉菌和病毒的抵抗力，增加继发感染其他病原的机会，可引起鱼苗、鱼种大批死亡。

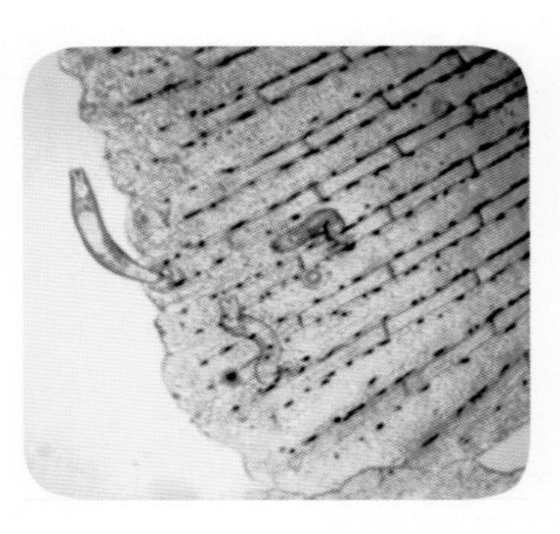

寄生于罗非鱼鳍条上的三代虫（胡大胜供图）

防控措施： 引入无病原苗种，对水源、养殖设施、引进苗种和投喂饲料进行严格消毒等可降低感染率。可使用菊酯类杀虫药物进行治疗。

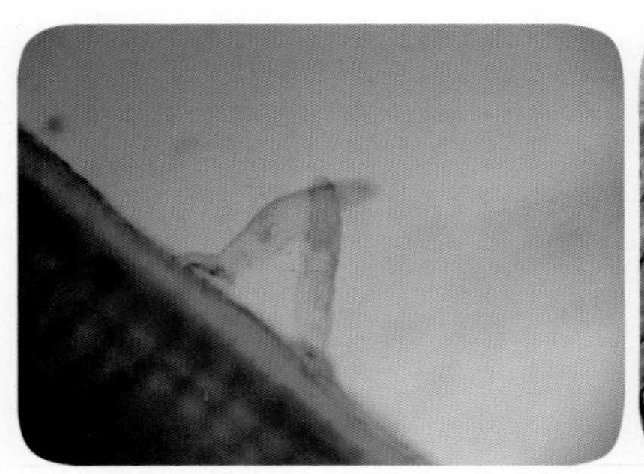

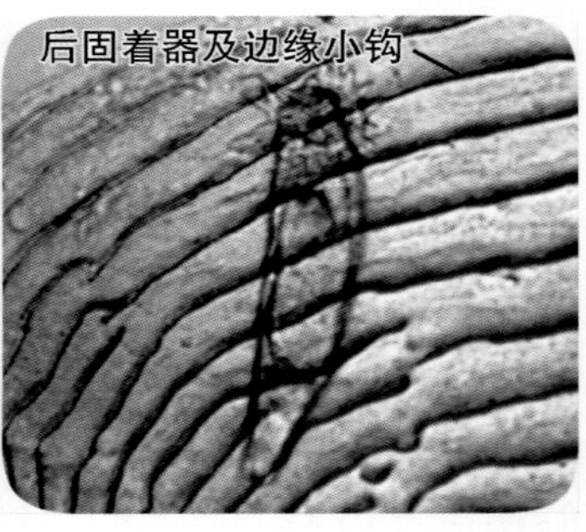

寄生于罗非鱼鳃丝（A）和鳃（B）上的三代虫

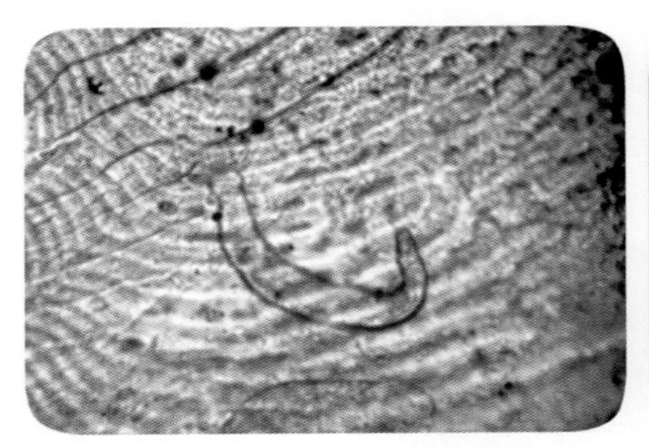

寄生于罗非鱼体表的三代虫
（胡大胜供图）

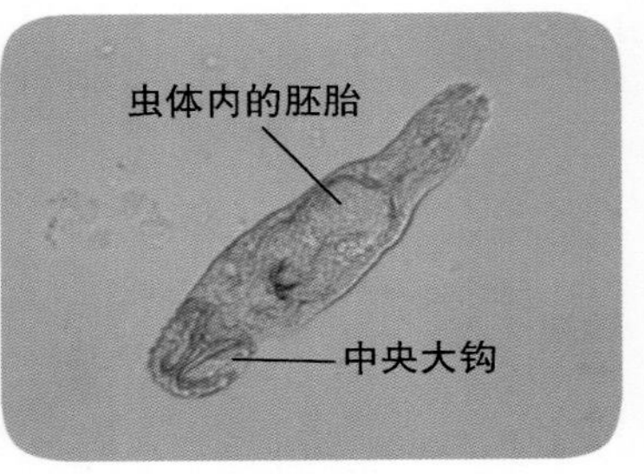

三代虫显微结构
（胡大胜供图）

11. 指环虫病

病原：指环虫，隶属扁形动物门、吸虫纲、单殖亚纲，指环虫属。目前我国已发现400多种，主要致病种类有小鞘指环虫、鳃片指环虫、鳙指环虫和坏鳃指环虫。

流行特点：水温20～25℃时易发病。主要危害鲢、鳙、草鱼、鳗和鳜等，虫卵及幼虫可通过水体水平传播。

临床症状：少量寄生时没有明显症状；大量寄生时病鱼游动缓慢，瘦弱发黑，呼吸困难，鳃盖难以闭合，鳃出血，鳃丝黏液增多、肿胀呈花鳃状，全部或部分苍白色；寄生数量多且密集时呈白色泡沫状小团。

危害程度：大量寄生可致鱼苗、鱼种大批死亡。12～14毫米小鱼体上可带有20～40个虫体，导致病鱼7～11天内全部死亡。4～6厘米草鱼上可带有虫体400～500个，导致病鱼15～20天内死亡。东北地区2.5～4千克的鲢在开始解冻时的3—6月因虫体寄生而大批死亡。

防控措施：引入无病原苗种，对水源、养殖设施、引进苗种和投喂饲料进行严格消毒（驱虫）等可降低感染率。可使用菊酯类杀虫药物进行治疗。

寄生于罗非鱼鳃上的指环虫

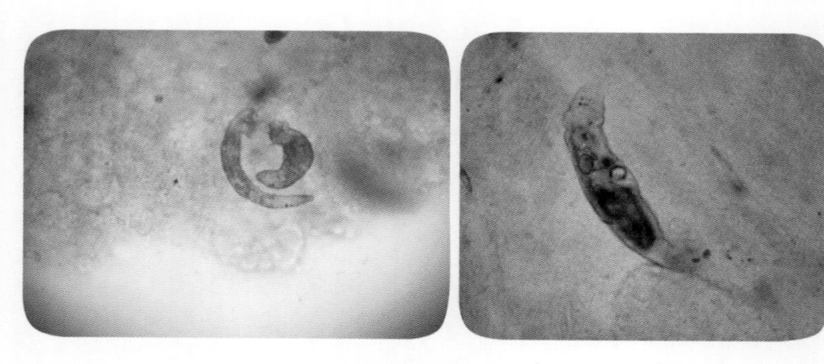

指环虫虫体

12. 黄头病

病原：黄头病毒（YHV），隶属杆套病毒科、头甲病毒

属，现有 YHV－1～YHV－8 共 8 个基因型。

流行特点：水温 25～28 ℃时易发病。病原可感染中国明对虾、凡纳滨对虾、斑节对虾、细角滨对虾、日本囊对虾、近缘新对虾、短角新对虾、褐美对虾、桃红美对虾、墨吉明对虾、白滨对虾、新当沼虾、匕首长臂虾、锯齿长臂虾、楔尾长臂虾和红螯螯虾等甲壳类动物，可通过水体水平传播，鸟类排泄物也是传播途径之一。

临床症状：病虾聚集于池塘边，摄食量先增大然后突然停止。一般感染后 2～4 天头胸部发黄、全身发白，成虾可能出现步足、游泳足或鳃发黑等继发感染。解剖可见空肠空胃，肝胰腺发黄或萎缩。

危害程度：严重影响养殖 50～70 天的对虾，感染后3～5 天内发病率达 100％，死亡率达 80％～90％。

防控措施：可通过引入无特定病原（SPF）苗种，对水源、养殖设施、引进苗种和投喂饲料进行严格消毒，控制养殖密度，采用鱼虾混养，避免与虾蟹类近缘种类混养，投喂优质饲料，避免大排大灌换水，设置合理增氧设施，保持水质优良且稳定等措施降低感染率。

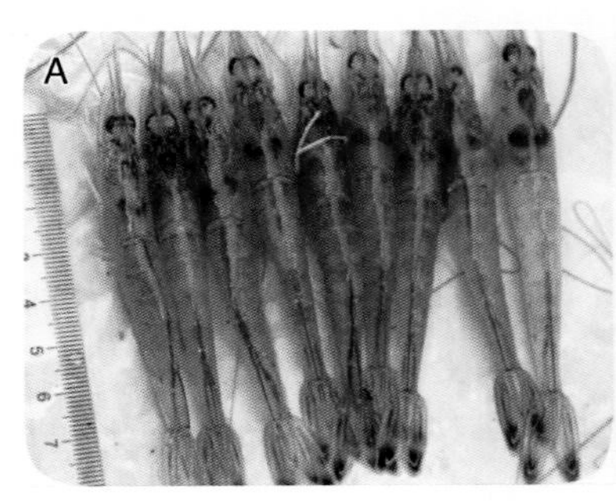

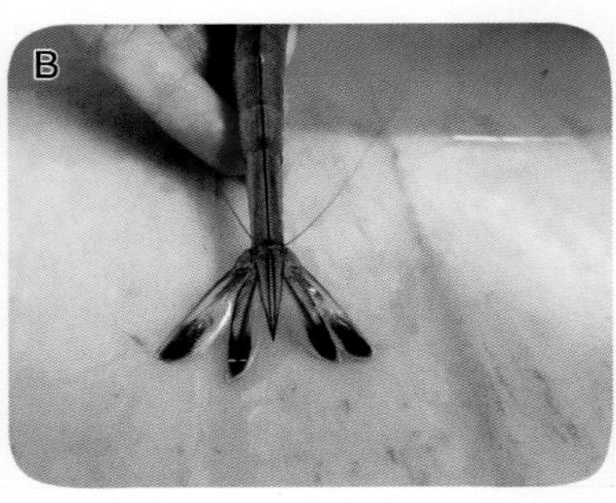

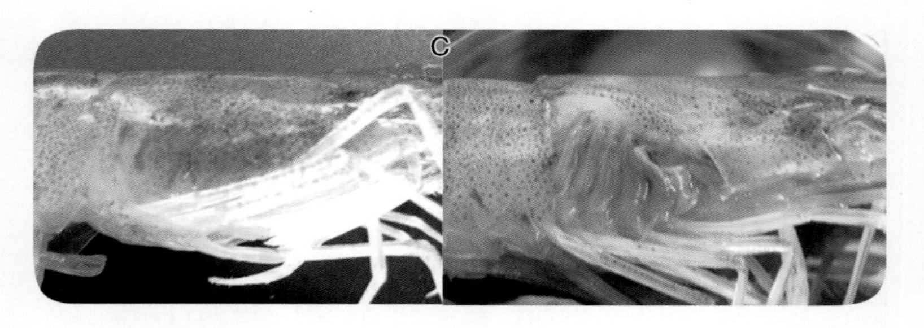

黄头病临床症状（Wan & Chen，2020；Huang，2010）

A. 病虾肝胰腺发黄　B. 病虾偶见尾部局部黑化溃疡　C. 病虾鳃丝粘连，呈灰黄色

13. 桃拉综合征

病原：桃拉综合征病毒（TSV），隶属双顺反子病毒科、急麻病毒属。

流行特点：目前尚无典型发病季节及发病温度。病原可感染凡纳滨对虾、细角滨对虾、斑节对虾等对虾，主要感染14～40日龄、体重0.05～5克的仔虾，部分幼虾或成虾也易感染，可通过水体、同类残食、鸟类和划蝽类水生昆虫水平传播。

临床症状：可分为急性期、过渡（恢复）期和慢性期。急性期：病虾漂浮于水面或池塘边，全身呈浅红色，尾扇和游泳足呈鲜红色，游泳足或尾足边缘处上皮呈灶性坏死。过渡期：病程较短，仅为几天，少数或中等数量的病虾角质上皮多处出现不规则黑化斑，这些病虾可能出现表皮变软及虾红素增多症状，行为及摄食正常。慢性期：一般无明显临床症状，但对正常的环境应激（如突然降低盐度）明显不如未染疫虾，有的成为终生带毒者。

危害程度：自发现病例至虾拒食饲料仅5～7天，10天左右大部分死亡，部分虾池采取积极消毒措施后转为慢性病，逐日死亡，至养成时死亡率超过80%。

防控措施：可通过引入无特定病原（SPF）苗种和抗病品种，对水源、养殖设施引进苗种和投喂饲料进行严格消毒，投喂优质饲料，拌饵投喂免疫增强剂，保持水质优良且稳定等降低感染率。

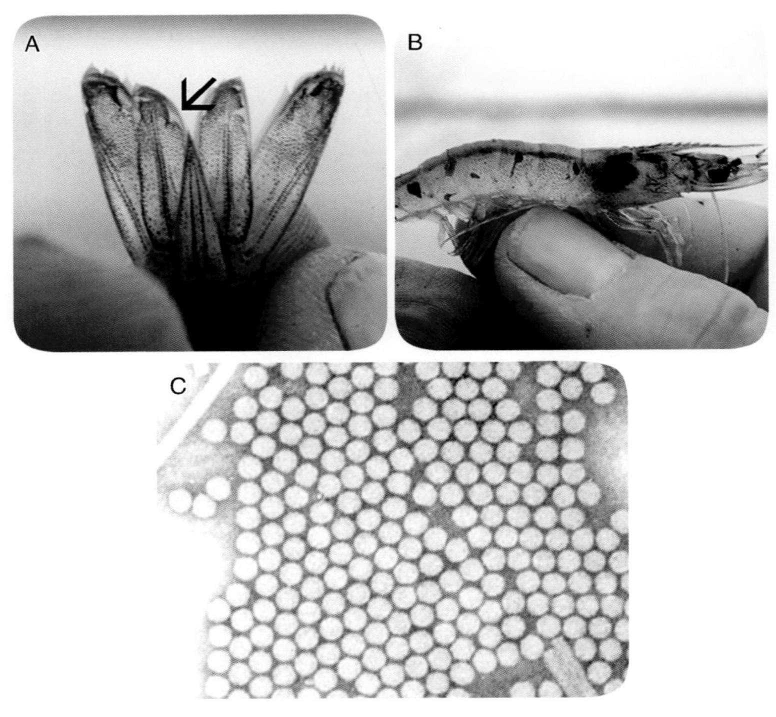

桃拉综合征临床症状（Lightner，1996；P. D. Christian and P. D. Scotti，2008）

A. 病虾尾扇呈鲜红色　B. 病虾角质上皮多处出现不规则黑化斑
C. 透射电子显微镜下观察纯化的TSV颗粒（病毒直径约30纳米）

14. 传染性皮下和造血组织坏死病

病原： 传染性皮下和造血组织坏死病毒（IHHNV），隶属细小病毒科、细角对虾浓核病毒属。

流行特点： 目前尚无典型发病季节及发病温度。病原可感染斑节对虾、凡纳滨对虾、细角滨对虾等大部分对虾品种的各生长阶段，可通过水体、同类残食、鸟类等水平传播和卵垂直传播。

临床症状： 病虾缓慢上升至水面并静止不动，而后翻转腹部向上并缓慢沉到水底，反复此过程直至无力继续或被其他虾吞食。虾体呈斑驳外观，体表（尤其是腹部背板接合处）常出现白色或浅黄色斑点。细角滨对虾和斑节对虾濒死时体色变蓝，腹部肌肉不透明。凡纳滨对虾感染后出现慢性矮小残缺综合征，生长速度缓慢，大小不一。

危害程度： 细角滨对虾感染后死亡率达90%以上，凡纳滨对虾生长缓慢且畸形，使其失去商业价值，受感染存活对虾终生带毒。

防控措施： 引入检疫合格苗种和无特定病原（SPF）苗种，对水源、养殖设施和引进苗种进行严格消毒，采用鱼虾混养，避免与虾蟹类近缘种类混养，控制养殖密度，投喂优质饲料，保持水质优良且稳定等措施可降低感染率。

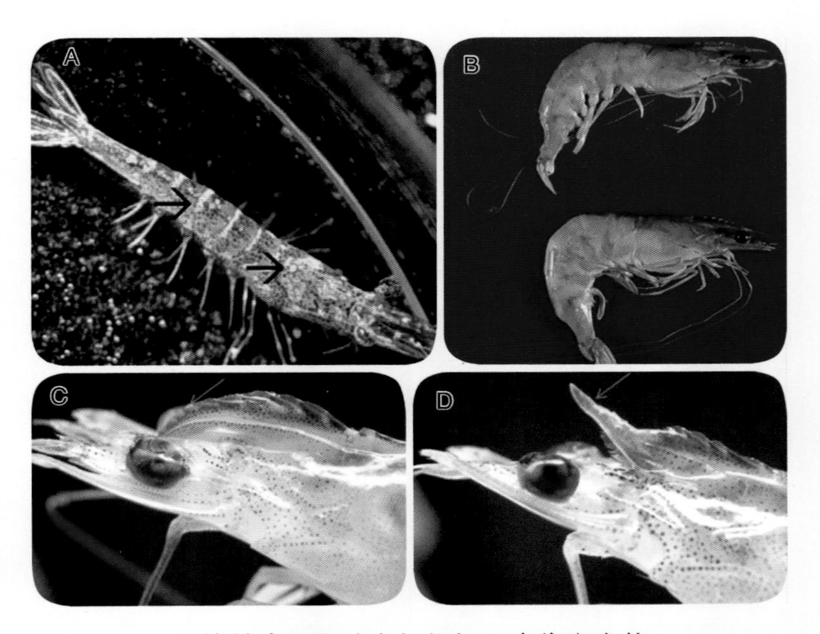

传染性皮下和造血组织坏死病临床症状
(Lightner, 1996; Arun et al., 2014)

A. 病虾呈斑驳外观，腹部背板接合处有白色斑点　B. 病虾生长缓慢，大小不一　C、D. 病虾头部额剑弯曲

15. 急性肝胰腺坏死病

病原：携带特定毒力基因的弧菌，隶属变形菌门、γ-变形菌纲、弧菌科、弧菌属。主要有副溶血弧菌、哈维氏弧菌、坎贝氏弧菌和欧文氏弧菌。

流行特点：4—7 月易发病。病原可感染斑节对虾和凡纳滨对虾，可经口和水体水平传播。

临床症状：病虾活力下降，甲壳变软，肝胰腺变白、萎缩并出现黑色斑点和条纹，空肠空胃或肠道内食物不连续。通常在放苗后的 7～35 天内发生并引起高死亡率，因此也被称为“早期死亡综合征”。

危害程度：通常在放苗后的 7～35 天内发生并引起高死亡率，最高达 100%。

防控措施：可通过引入检疫合格和无特定病原（SPF）苗种，对水源、养殖设施、引进苗种和投喂饲料进行严格消毒，对引入苗种隔离养殖（15～30 天），采用鱼虾混养，避免与虾蟹类近缘种类混养，投喂优质饲料和免疫增强剂，控制养殖密度，保持水质优良且稳定等措施降低感染率。

急性肝胰腺坏死病临床症状（一）（张庆利供图）

患病凡纳滨对虾幼虾肝胰腺（左 1、左 2），较正常对虾（右 1）颜色变浅

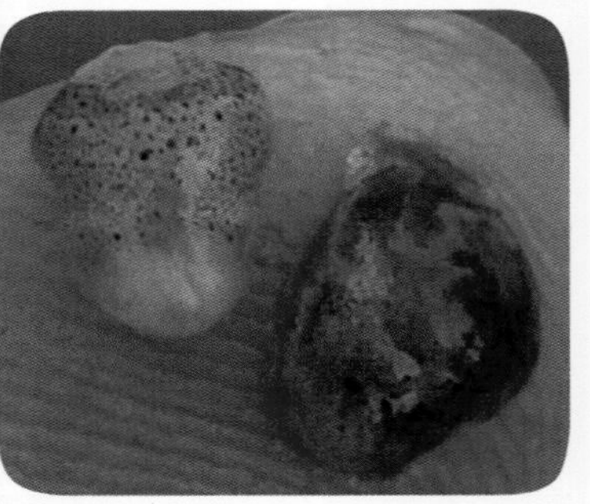

急性肝胰腺坏死病临床症状（二）（张庆利供图）

患病凡纳滨对虾肝胰腺发白，表面可见黑色斑点（左）；患病初期，白膜消失（右）

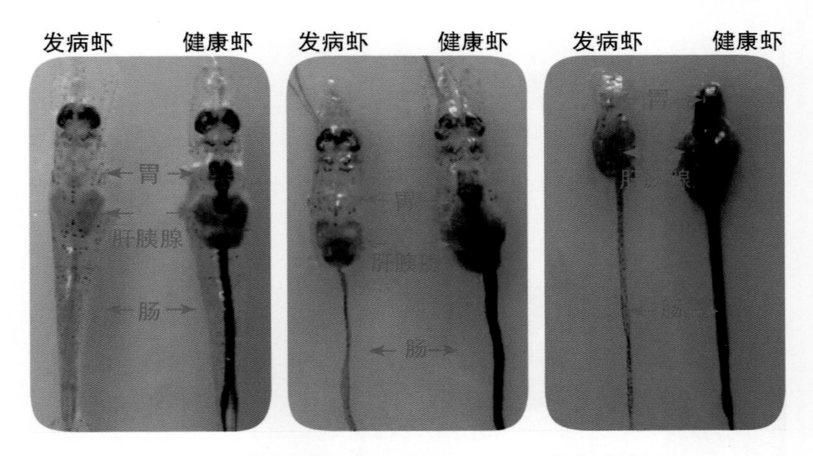

急性肝胰腺坏死病临床症状（三）(张庆利供图)

患病凡纳滨对虾肝胰腺颜色变浅、发白，空肠空胃

16. 河蟹螺原体病

病原：河蟹螺原体，属柔膜体纲、虫原体目、螺原体科、螺原体属。

流行特点：江苏、浙江一带 4—10 月时易发病，水温 19～28 ℃时为流行高峰。可感染中华绒螯蟹、克氏原螯虾、凡纳滨对虾、罗氏沼虾和日本沼虾等甲壳类动物，病原通过鳃或体表（尤其是脱壳期）进入虾蟹体内。

临床症状：病蟹活力下降，行动迟缓，食欲不振，螯足握力下降，附肢颤抖，因此又称河蟹“颤抖病”或“环爪病”。解剖可见鳃排列不整齐，呈浅棕色甚至黑色，血淋巴稀薄、凝固缓慢或不凝固。

危害程度：严重发病地区的发病率在90%以上，死亡率在70%以上，对中华绒螯蟹养殖业危害巨大。

防控措施：引入无病原苗种，对水源、养殖设施、引进蟹苗和投喂饲料进行严格消毒，弃掉运输过程中损伤的蟹苗，投喂优质饲料，保持水质优良且稳定等可降低感染率。

河蟹螺原体病临床症状
（周俊芳供图）
患"颤抖病"的河蟹，发病后期附肢颤抖并呈现环爪状

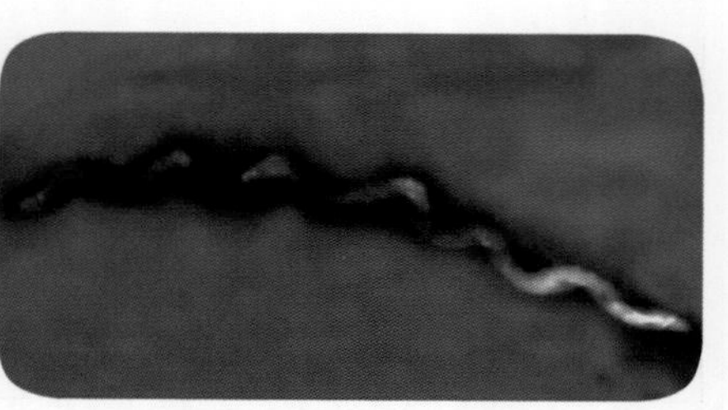

河蟹螺原体电子显微镜照片
（周俊芳供图）

17. 鲍疱疹病毒病

病原：鲍疱疹病毒（HaHV－1），隶属于疱疹病毒目、软体动物疱疹病毒科、鲍病毒属。

流行特点：水温23℃以下时易发病，我国南方的低温季节（11月至次年3月）为流行高峰。病原可感染各种规格的杂色鲍、绿唇鲍、黑唇鲍及绿唇鲍和黑唇鲍的杂交种。

临床症状：病鲍活力下降，腹足表面变黑，触角收缩，

鳃瓣色淡，肝胰腺部分萎缩，头部伸出，口张开、微外翻，死后仍然紧贴于鲍笼/池底或部分腹足僵硬而附着不牢。腹足表面黏液层消失（正常鲍腹足表面有滑腻感），外套膜边缘脱落，部分向内萎缩。

危害程度：冬季集中暴发期死亡率达到80%以上，最严重的养殖场死亡率高达100%，成鲍和鲍苗同时死亡。受该病影响，杂色鲍养殖规模大幅萎缩，在全国鲍产量中的占比由发病前的65%骤降至不足5%。

防控措施：引入检疫合格苗种，对水源、养殖设施、引进苗种和投喂饲料进行严格消毒，保持水质优良且稳定，投喂优质饲料和免疫增强剂（多糖、多肽、多种维生素），发病季节避免大排大灌换水等可降低感染率。

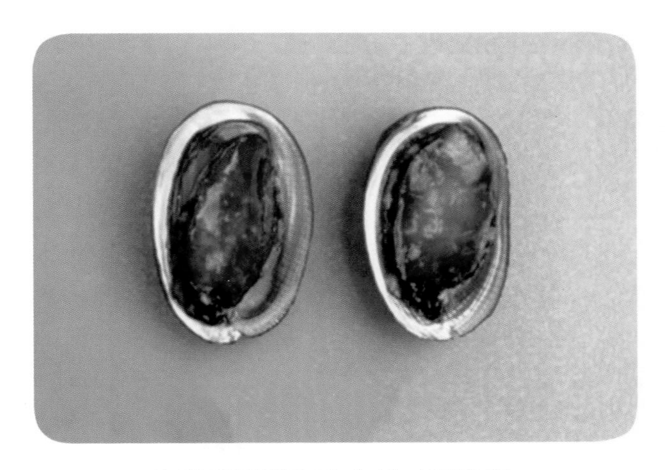

鲍疱疹病毒临床症状（王崇明、王江勇、白昌明供图）

患病杂色鲍肌肉萎缩

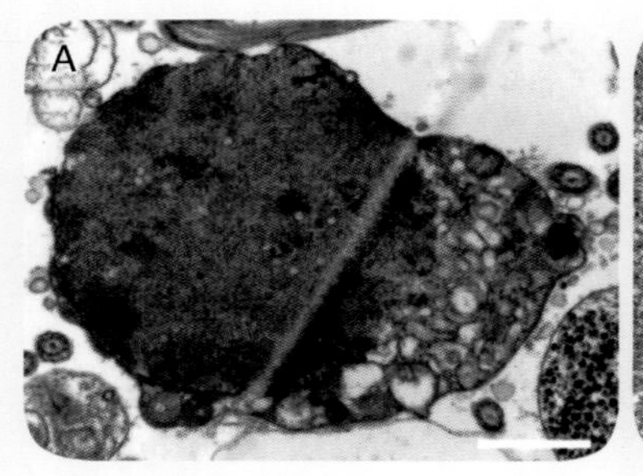

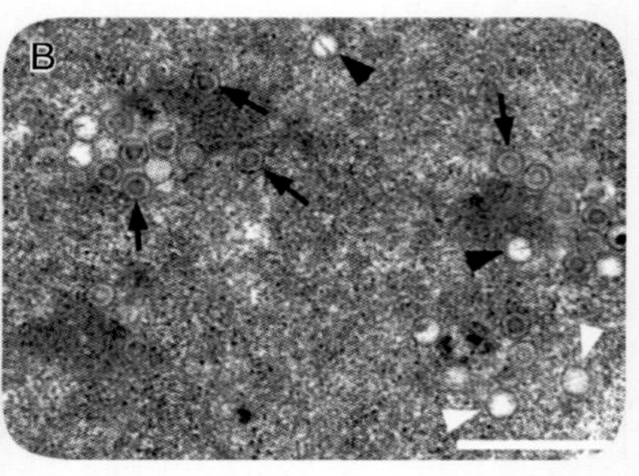

鲍疱疹病毒电子显微镜照片（王崇明、王江勇、白昌明供图）

A. 杂色鲍血淋巴细胞中观察到大量疱疹样病毒粒子（比例尺 1 微米） B. 图版 A 局部区域放大图

18. 奥尔森派琴虫病

病原：奥尔森派琴虫（*Perkinsu olseni*），隶属顶复门、派琴虫纲、派琴虫目、派琴虫科、派琴虫属。

流行特点：水温超过 15 ℃时易发病，水温 19～21 ℃时为流行高峰，水温 9～10 ℃时感染强度开始降低。病原可感染蛤仔、扇贝、牡蛎、鲍、鸟蛤、珍珠牡蛎和贻贝等多种贝类，我国最常见的宿主是菲律宾蛤仔，可通过水体水平传播。

临床症状：病贝消瘦，外套膜萎缩，肝胰腺为暗灰色，肉眼可见在肌肉和外套膜上的乳白色脓疱，闭壳肌无力。重度感染的贝类软体组织会出现穿孔性溃疡。

危害程度：菲律宾蛤仔感染率为 30%～95.83%，文蛤感染率约为 50%，尖紫蛤感染率为 18.3%～50.6%。病贝生长减慢，个体大小不均，失去市场价值；繁育能力减弱，体弱而难以抵御不利环境影响，严重时导致大量死亡。

防控措施：可通过养殖无病原苗种；对水源、养殖设施、引进苗种进行严格消毒；在未感染低盐度海区获取苗种并移至高盐度海区养殖，在感染期结束后移入苗种，并在高死亡期前收获；苗种场和养殖区相互隔离等措施降低感染率。封闭养殖区域可采用含氯消毒剂、淡水以及紫外线对养殖设施和水体消毒以预防该病。

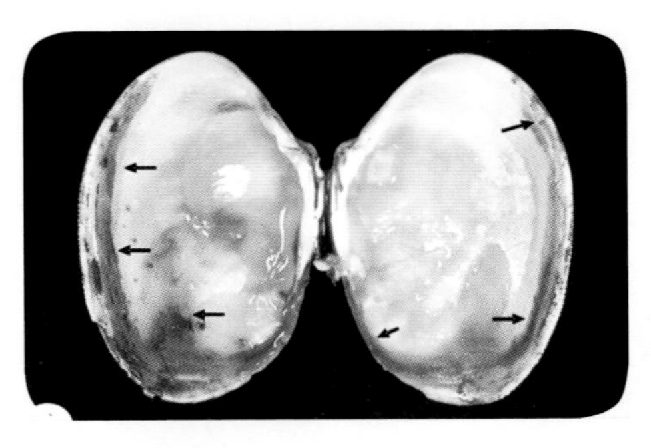

奥尔森派琴虫病临床症状（王崇明、王江勇、白昌明供图）

患病菲律宾蛤仔外套膜萎缩，形成乳白色沉淀

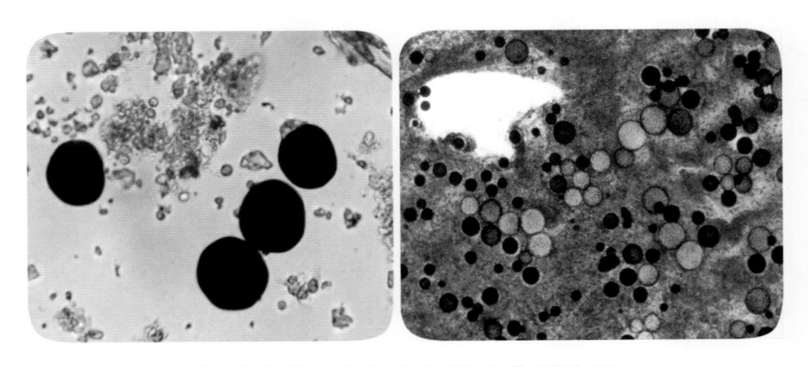

经过培养的奥尔森派琴虫休眠孢子

（王崇明、王江勇、白昌明供图）

19. 牡蛎疱疹病毒病

病原：牡蛎疱疹病毒（HaHV－1），隶属于疱疹病毒目、软体动物疱疹病毒科、牡蛎病毒属。

流行特点：发病温度因宿主物种和环境而异，海区养殖的栉孔扇贝在水温＞23 ℃时，长牡蛎在水温＞16 ℃时，魁蚶在水温＞13 ℃时易发病。病原可感染栉孔扇贝、长牡蛎和魁蚶等13种双壳贝类，长牡蛎各生长阶段均可感染，但导致死亡案例仅限稚贝和幼贝阶段，可通过水体水平传播。

临床症状：病贝幼虫游动能力下降，摄食量减少，快速死亡。幼贝和成贝反应迟钝，双壳闭合不全，外套膜萎缩，内脏团呈苍白色，鳃丝糜烂。

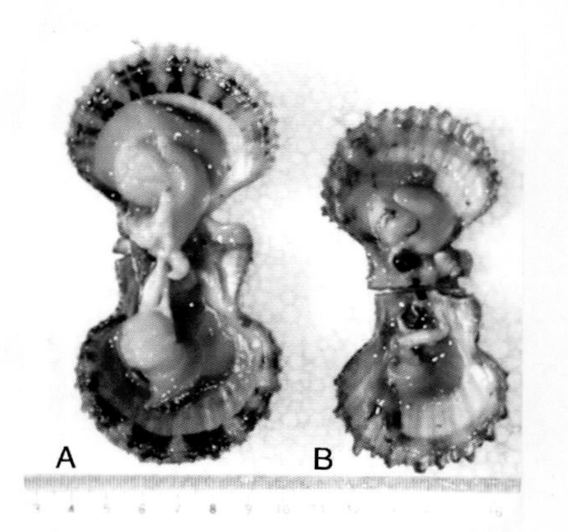

牡蛎疱疹病毒病临床症状（扇贝）
（王崇明、王江勇、白昌明供图）

健康（A）与患病扇贝（B）内脏团对比，患病扇贝鳃丝糜烂，外套膜向壳顶部收缩，消化腺肿胀，空肠或半空，肾脏易剥离

危害程度：可引起急性大规模死亡，被感染者在出现病症后几天内死亡。曾导致法国的牡蛎产量从1991年的12.9万吨逐步减少至近年来的6.4万吨；我国山东扇贝产量从1996年的60多万吨减至1998年的不足20万吨，绝产率超过60%；2012年引起我国育苗场

和出口加工企业暂养的魁蚶成贝大规模死亡。

防控措施：可通过引入检疫合格苗种，控制养殖密度，限制疫区与非疫区之间活体贝类的运输，改进养殖方式和开展贝藻混养等综合生态防控措施降低感染率。

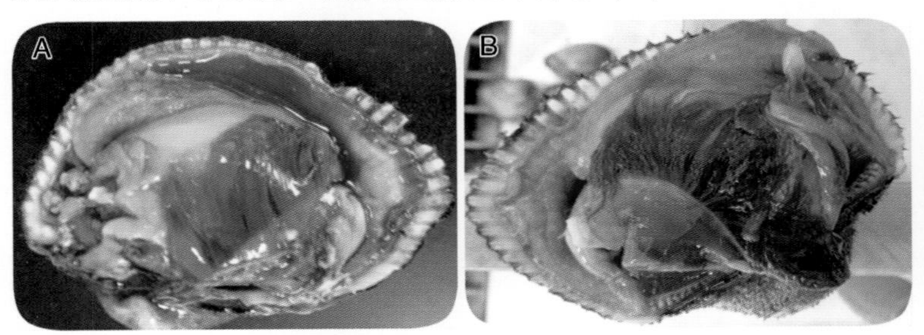

牡蛎疱疹病毒病临床症状（魁蚶）(王崇明、王江勇、白昌明供图)

健康（A）与患病魁蚶（B）内脏团对比，患病魁蚶内脏团呈苍白色，鳃丝糜烂

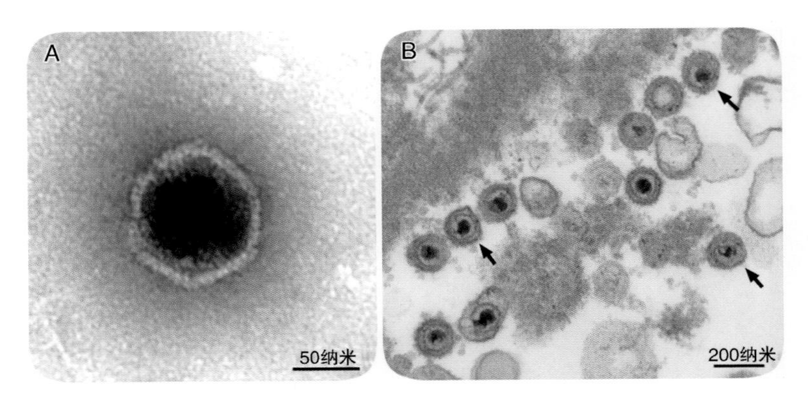

牡蛎疱疹病毒1型核衣壳与空衣壳电子显微镜照片
(王崇明、王江勇、白昌明供图)

A. 纯化病毒粒子　B. 被囊膜包被的完整牡蛎疱疹病毒1型病毒(箭头所示)

20. 两栖类蛙虹彩病毒病

病原：蛙病毒（Ranavirus），隶属虹彩病毒科、蛙病毒属。

流行特点：该病一年四季均可发生，病原可感染各种规格的蛙、大鲵。

临床症状：病蛙精神不振，行动迟缓，食欲减退，体表有出血点。发病开始时幼蛙背部皮肤仅局部坏死脱落，很快烂斑扩大，病情不断加重；头背部皮肤失去光泽，出现白色花纹，表皮脱落，溃烂，并露出背肌；有的指及趾部充血、出血或溃烂。病重蛙很消瘦，解剖可见肠壁严重充血，肠内无食物，有的肝或胆囊肿大。

患病大鲵吻端溃疡，腹部和尾部两侧皮下出血，四肢肿胀且末端溃烂，内脏组织有出血点；幼鲵则全身肿胀，腹部和内脏组织有出血点。

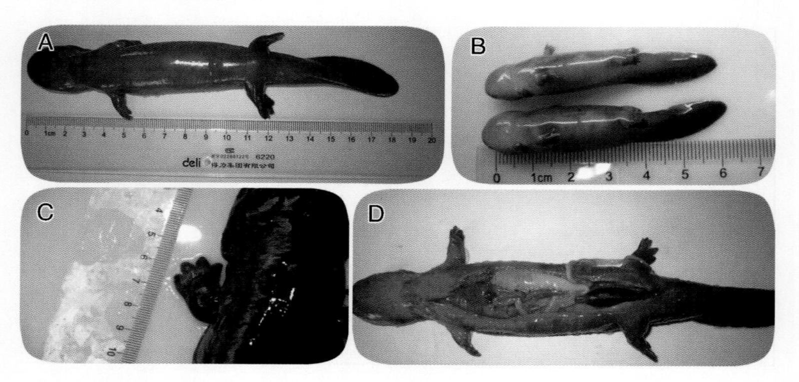

两栖类蛙虹彩病毒病临床症状（曾令兵、周勇供图）

A. 患病 2 龄大鲵腹部呈点状出血　B. 患病幼鲵全身肿胀、腹部呈点状出血　C. 患病大鲵前肢末端溃烂　D. 患病大鲵内脏组织充血

危害程度：在我国主要危害大鲵养殖业。幼鲵发病率和死亡率达 90%以上，甚至高达 100%，一般发病后 2～4 天内死亡。成鲵发病后死亡率达 70%以上，病程可持续 20 天左右。蛙感染发病后 2 天左右的死亡率高达 90%。

防控措施：可通过引进无病原苗种，对水源、养殖设施、引进苗种和投喂饲料进行严格消毒，保持水质和养殖环境优良且稳定等措施降低感染率。

21. 鳖腮腺炎病

病原：分为病毒性鳃腺炎和细菌性鳃腺炎。病毒性腮腺炎的病原为中华鳖出血综合征病毒（TSHSV），隶属于动脉炎科，属未定。细菌性腮腺炎病原暂定名为中华鳖高致病性蜡样芽孢杆菌，隶属于厚壁菌门、芽孢杆菌纲、芽孢杆菌科、芽孢杆菌属。

流行特点：水温 20～30 ℃时易发病。病毒性鳃腺炎在水温 20～25 ℃为流行高峰，细菌性鳃腺炎在 25～30 ℃时为流行高峰。病原可感染中华鳖、台湾鳖、日本鳖等各品系的各年龄段。病毒性鳃腺炎可通过病鳖进行水平传播和卵垂直传播，细菌性鳃腺炎可通过带菌的病鳖和养殖环境进行水平传播。

临床症状：病毒性鳖腮腺炎病鳖脖子软弱无力。解剖后可见腮腺红肿，肝、脾、肾、肺、肠、性腺等组织有不同程度充血，心脏有失血现象；肝肿大，易碎，花斑、淤血严重；肠出血明显，无穿孔现象。部分病鳖大量失血后，肠发白，但仍见肠壁血丝。

细菌性鳖腮腺炎病鳖爬边，脖子软弱无力。内脏各组织器官出血明显；肝易碎，一般无出血点，无“花肝”特征。

危害程度：死亡率高，危害大。其中病毒性鳖腮腺炎发病急，死亡率 90%以上，目前尚无有效治疗措施。细菌性鳃腺炎治疗后病情易反复。

防控措施：可通过引入无病原苗种，对水源、养殖设施、引进苗种和投喂饲料进行严格消毒，控制养殖密度，保持水质优良且稳定，冬眠前后连续 10～15 天拌饵投喂免疫增强剂等措施降低感染率。

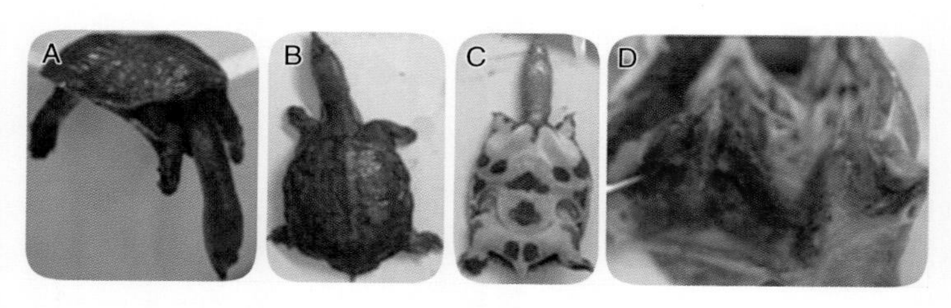

病毒性腮腺炎病鳖临床症状（刘莉供图）

A. 脖子软弱无力　B、C. 腹背无明显症状　D. 咽喉部炎性红肿

细菌性鳃腺炎病鳖临床特征（刘莉供图）

内脏各组织器官出血

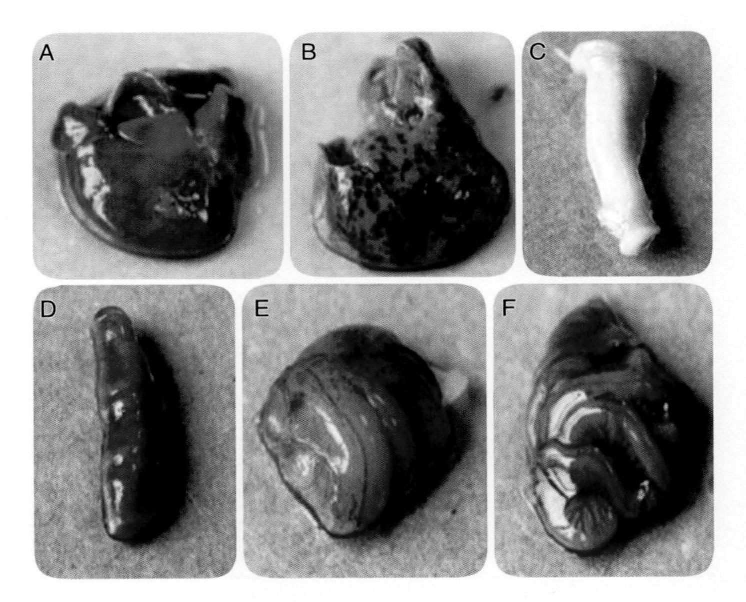

病毒性腮腺炎病鳖解剖症状（刘莉供图）

A. 健康鳖肝组织　B. 病鳖肝出血呈花斑状　C. 健康鳖肠　D. 病鳖肠充血　E. 健康鳖肾　F. 病鳖肾充血

22. 蛙脑膜炎败血症

病原：脑膜炎败血伊丽莎白菌，曾称脑膜炎败血黄杆菌或脑膜炎败血金黄杆菌，隶属拟杆菌门、黄杆菌纲、黄杆菌目、黄杆菌科、伊丽莎白属。

流行特点：水温 20 ℃以上时易发病。病原可感染牛蛙、美国青蛙、虎纹蛙、中华鳖和沙鳖等各种养殖蛙类和鳖类。病原主要宿主是蛙，也可感染猫、犬、鼠和人，可通过水体水平传播，也可通过饵料传播。

临床症状：病蛙精神不振，行动迟缓，头低垂或歪斜，身体失去平衡或浮于水面打转，食欲不振，眼部因感染出现白色坏死，似白内障，同时伴有皮肤溃疡、肝坏死等症状。解剖可见大量腹水，肝呈青灰色或花斑状，胆囊肿大或缩小，胆汁呈淡绿色甚至无色，膀胱发红、充血，肾和肝肿大，双腿肌肉呈淡黄绿色。蝌蚪发病后，四肢及腹部有明显出血点和血斑，部分蝌蚪腹部膨大，仰游于水中，最后死亡。

危害程度：蛙类养殖的主要疾病，占牛蛙每年因病死亡的10%以上。

防控措施：可通过引进无病原苗种，对水源、养殖设施、引进苗种和投喂饲料进行严格消毒等措施降低感染率。病原对其他动物和人类有潜在感染力，确认感染后应当立即对患病群体进行隔离、扑杀和无害化处理，并对养殖设施、工具和场地进行彻底消毒。

蛙脑膜炎败血症临床症状（曾令兵、周勇供图）
A. 病蛙头歪斜　B. 眼部因感染出现白色坏死，似白内障

图书在版编目（CIP）数据

水生动物防疫系列宣传图册．七，36 种水生动物疫病常识 / 农业农村部渔业渔政管理局，全国水产技术推广总站组编．—北京：中国农业出版社，2022.11

ISBN 978-7-109-30208-2

Ⅰ．①水…　Ⅱ．①农…　②全…　Ⅲ．①水生动物一防疫一图集　Ⅳ．①S94-64

中国版本图书馆 CIP 数据核字（2022）第 213681 号

中国农业出版社出版

地址：北京市朝阳区麦子店街 18 号楼

邮编：100125

责任编辑：王金环

责任校对：吴丽婷

印刷：北京缤索印刷有限公司

版次：2022 年 11 月第 1 版

印次：2022 年 11 月北京第 1 次印刷

发行：新华书店北京发行所

开本：850mm×1168mm　1/32

印张：2.25

字数：47 千字

定价：28.00 元
